図解
はじめて学ぶ
MATHEMATICS FOR BEGINNERS

数学のせかい

文
サラ・ハル
トム・マンブレイ

イラスト
ポール・ボストン

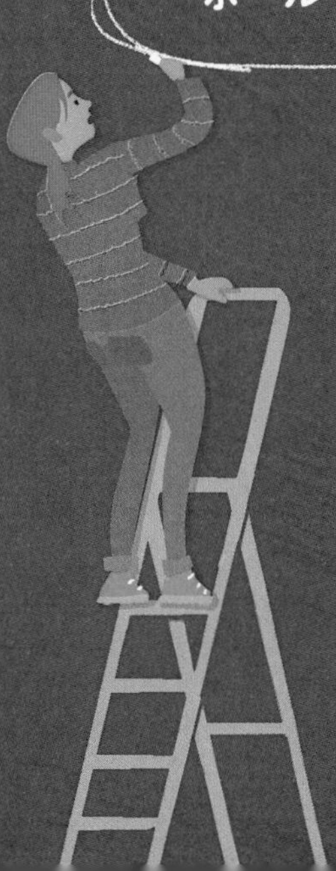

浜崎絵梨 訳

植野義明 監修

もくじ

訳者・監修者について

訳　浜崎絵梨（はまざき・えり）

慶應義塾大学法学部政治学科卒業。訳書に「図解 はじめて学ぶ」シリーズ（晶文社）、「ミオととなりのマーメイド」「エマはみならいマーメイド」シリーズ（ポプラ社）、『おひめさまはねむりたくないけれど』（そうえん社／日本絵本賞読者賞）など。

監修　植野義明（うえの・よしあき）

東京大学理学部数学科卒業。理学博士。元東京工芸大学准教授。2021年4月、国立市で「くにたち数学クラブ」を設立、代表。数学教育学会代議員。著書に『考えたくなる数学』（総合法令出版）、『子どもの数学力が自然に育つ2歳からの言葉がけ』（日本実業出版社）がある。

数学ってなんだろう？

数学と聞くと、計算をして、正しい答えを求めるためのお勉強と思う人が多い。ところが本当の数学は、もっと奥《おく》が深いんだ。

あーあ、
次は数学の時間。
うんざり…！
そんなこと言わないの。
じつは数学ってとても
身近で、面白《おもしろ》いんだよ！
数学を使えば、ボールの動きも
説明できる。
おかし作りも
数学使うし。
ハチが群れる理由もね。
Eri
Rui
音楽がここちよく聞こえたり、
不快に聞こえたりする理由も、数学で説明できる。
英語で数学を表す“mathematics”
は「学ぶべきもの」あるいは
「知り得ること」を意味する
古代ギリシャの言葉が基《もと》に
なっている。つまり「数学」
とは、あらゆることを
知るって意味なんだ。
数学がなければ、
インターネットも
スマホもパソコンも
なかっただろう。
ロボタン
3.0

買い物やゲームをするときも、時間を知りたいときも、私たちはほぼ毎日数学を使っている。
数学が特に役だつのは、問題を解決するときだ。

あおぞら青果店
これってお得？
5個で400円
※1個100円
駅に一番早く着く
道はどれかな？
サンライズカフェ
どうすれば
勝てるかな？

そっか、数学が面白くて
身近なのはわかった。でも、
そもそも数学ってなに？
うん。数学って
なんなのさ？
エラーです。
計算不能。

数学っていったいなんだろう？ これについては、人によって考え方はさまざまだ。
数学者の間でさえ、いろいろな意見がある。

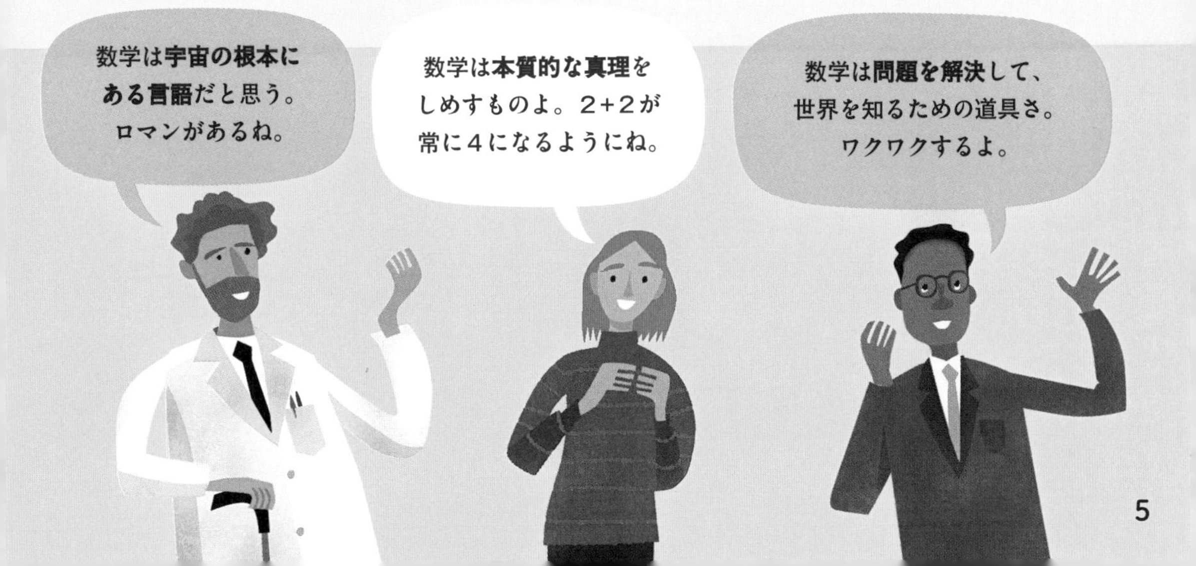
数学は宇宙の根本に
ある言語だと思う。
ロマンがあるね。
数学は本質的な真理を
しめすものよ。2+2が
常に4になるようにね。
数学は問題を解決して、
世界を知るための道具さ。
ワクワクするよ。

数学はなんのためにあるの？

数学がなんなのかを完全に理解するには時間がかかるし、少しうんざりするかもしれない。でも、数学でなにができるかを考えると、すごくワクワクしてくるよ。

何千年もの間、人は数学を使って世界のことを知り、新しいアイディアや技術をうみだしてきた。数学が役だつことは、いろんな分野で証明されているんだ。

宇宙

衛星写真ができるよりはるか前に、数学者は地球が丸いことを証明し、その1周の長さまでも測っていた。数学は、天文学者が惑星《わくせい》や月の見える位置を予測するのにも欠かせないし、今日《こんにち》では、銀河の動きを説明するためにも使われている。

芸術

建築家が美しい建物を設計するときや、芸術家が実物そっくりの絵を描《か》くときにも、数学は役だっている。

建築

建築会社や技術者は、ビルや橋などの建築物が確実に安全で長く使えるよう、数学を使う。

お金

個人の資産管理から、オンラインでの支《し》払《はら》いに必要な暗号まで、お金の動きにも数学はつきものだ。

食料問題

世界の人口が増えるほど、食料問題はますます深刻になっている。何千年もの間、農家の人々はより多くの収穫《しゅうかく》をあげるために数学を使ってきた。今では食料の包装や輸送でも、効率的な方法を考えるには数学が欠かせない。

移動

何百年もの間、船の航路を定めるには、ややこしい計算が必要だった。また、飛行機が飛べるのも、スマホの地図で現在地が正確にわかるのも、実は数学のおかげなんだ。

コンピュータ

パソコンやスマホやテレビの中のコンピュータは、毎秒何百万回もの計算を行っている。ネット検索《けんさく》をしたり、テレビを見たりできるのも、数学のおかげだ。

ニャンコ・ドットコム
毎朝オンライン
おすすめニュース

人間と同じように考え、動くロボットが発明される日も近い。そのためにプログラマーが必要とするのも数学だ。

医学

現代の医学にも、病気を分析《ぶんせき》するために数学が欠かせない。新しい薬の安全性や効果を調べるときにも、数学が使われるんだ。

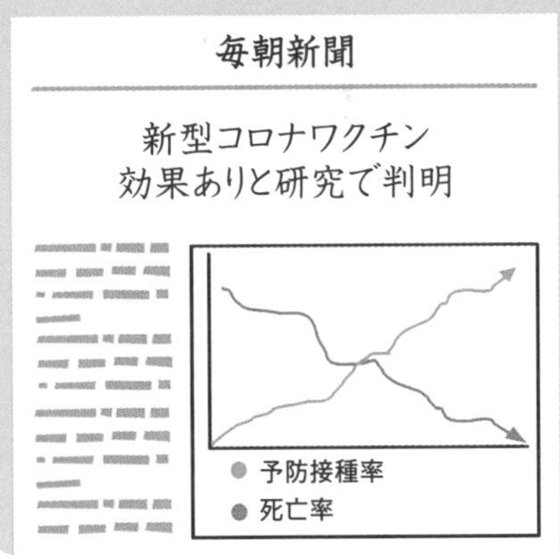

毎朝新聞
新型コロナワクチン
効果ありと研究で判明
予防接種率
死亡率

人間に近い知能をもつロボットが、今後10年から15年の間に完成するかもしれないよ。

宝島

ひょっとしたら、ぼくもそのうち小説が書けるようになるかもね。

数学の使いみち

数学を使うと、ややこしい問題が解けたり、思いがけないアイディアがうまれたりする。数学は、次のようにいくつもの分野にわかれており、さまざまな種類の問題を解決するのに役だつんだ。

数論と代数学

数論は数の性質について研究する分野だ。数字のかわりに文字や記号を使った数式を研究する分野は、**代数学**とよばれる。

幾何学《きかがく》

図形や計量について研究する分野。

証明と論理

ある主張が正しいことを数学的にしめすことを**証明**という。証明には、**論理**とよばれる一定のルールが必要だ。

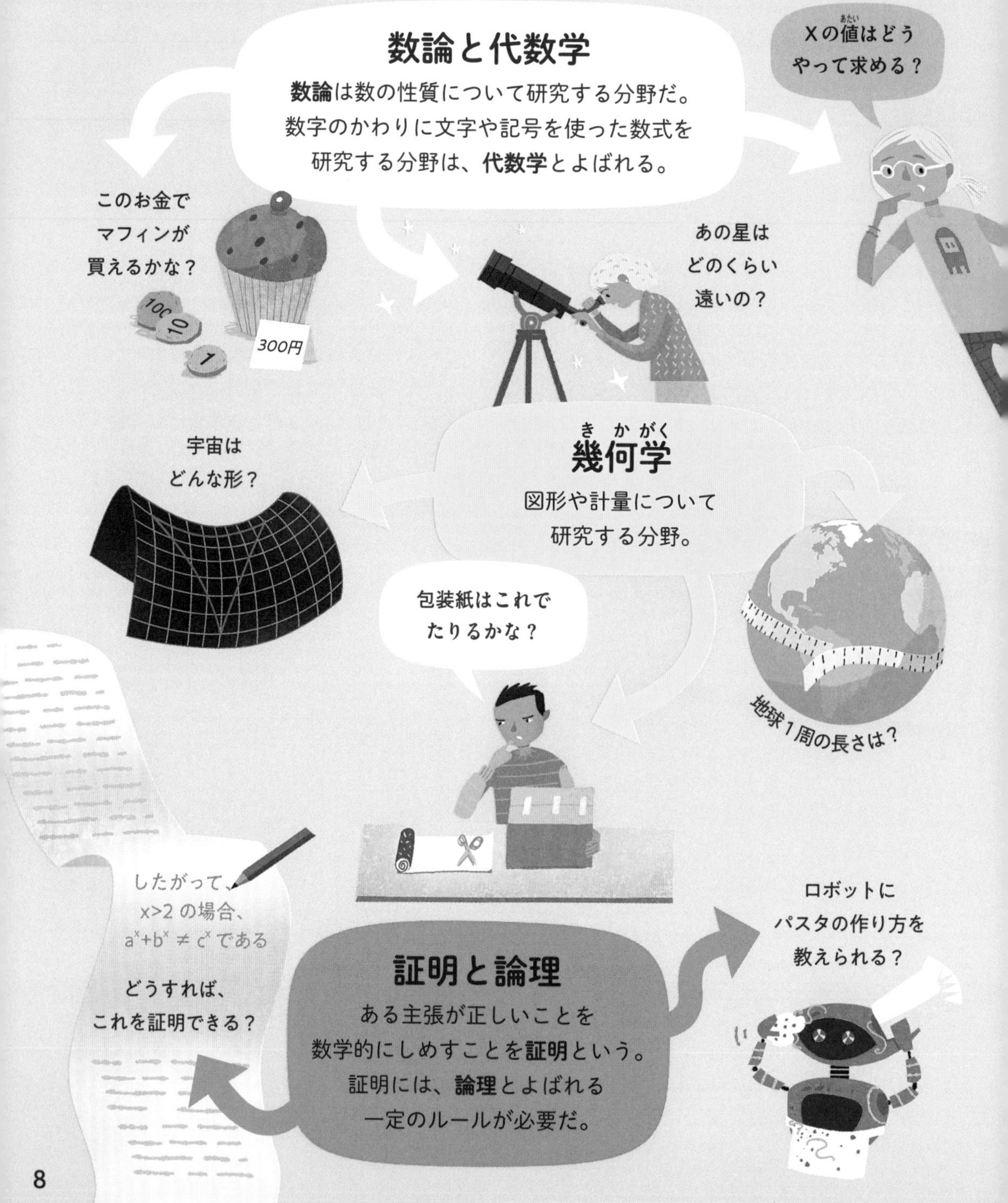

Xの値《あたい》はどうやって求める？
このお金でマフィンが買えるかな？
10¢
10
1
300円
あの星はどのくらい遠いの？
宇宙はどんな形？
包装紙はこれでたりるかな？
地球1周の長さは？
したがって、$x>2$ の場合、$a^x+b^x \neq c^x$ である
どうすれば、これを証明できる？
ロボットにパスタの作り方を教えられる？

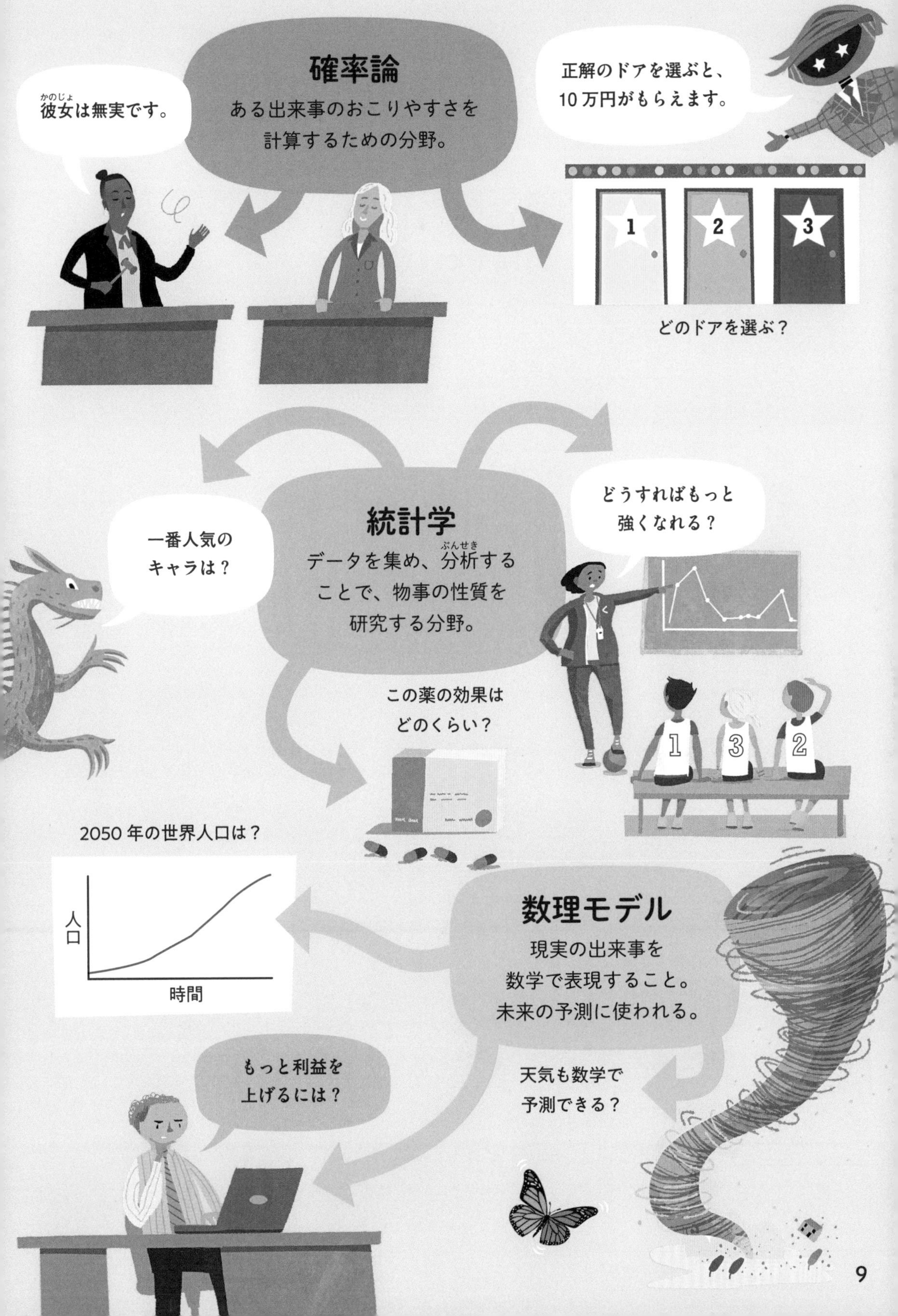
確率論
ある出来事のおこりやすさを
計算するための分野。
彼女《かのじょ》は無実です。
正解のドアを選ぶと、
10 万円がもらえます。
1
2
3
どのドアを選ぶ？
統計学
データを集め、分析《ぶんせき》する
ことで、物事の性質を
研究する分野。
一番人気の
キャラは？
どうすればもっと
強くなれる？
この薬の効果は
どのくらい？
1
3
2
2050 年の世界人口は？
人口
時間
数理モデル
現実の出来事を
数学で表現すること。
未来の予測に使われる。
もっと利益を
上げるには？
天気も数学で
予測できる？

第１章
数学の始まり

今日《こんにち》、世界で使われている数学は、過去何千年もの間になされた発見と創造のたまものだ。人類の歴史は、数学上のさまざまな大発見の上に、築かれてきたんだ。

人間は、文字を書きはじめるずっと前から、ものを数えていた。少なくとも約 5000 年前のエジプトやメソポタミアでは、すでに数を表す記号が使われていたらしい。そして現在、5000 などの数が数字で表せるのは、ゼロという発想のおかげなんだ。このユニークな発想は、約 1400 年前のインドでうまれた。

でもさ、そもそもどうして数学が使われはじめたの？
もし数学がなければ、私たちの生活はどうなってたんだろう？
じゃあ、タイムマシンで時間をさかのぼってみよう。

数学の始まり

数学は、人が代数を発明したり、数を数えたり、地上を歩いたりするずっと前から自然界に存在していた。自然界は、人が長い時間をかけて発見してきた数学的なパターンや形、規則性であふれているんだ。

チョウのはねは
左右対称《さゆうたいしょう》
日の出・日の入り…
そして潮の満ち引きも
反復パターン
貝がらの渦《うず》にも規則性がある
へびの模様は幾《き》何《か》学《がく》模様
みんな気づかぬ間に計算でもしてるの？
実際に数学をやってるわけじゃなくて、自然自体が数学なんだよ。
いずれにせよ、人間が身の周りの規則性に気づき、生活に役だてようとするのは、時間の問題だったんだ。

人類がいつ数学について考えはじめたのかはわからない。でも、数字で遊んだり、身の周りで目にした規則性を研究したりしはじめた時期は、だいたい見当がついている。

私たちの最も古い祖先は、複雑な数のしくみはもっていなかっただろう。それでもおそらく、「１つか２つ」と「たくさん」のちがいを理解する機会はあったはずだ。

初期の人類は、月の満ちかけなど身の周りの現象にある規則性を観察するために、記録を取りはじめた。最も古い記録は骨に刻まれた線で、４万年以上前のものと考えられている。

地球から見える月の形は少しずつ変わる。人類はそれを観察しながら、次の形に移りかわるまで何日かかるかを、骨に刻みつけていったんだ。

こうした記録は単純なようだけど、重要な役割を果たした。人類が月の満ちかけを記録することが、のちにカレンダーの発想につながったんだ。

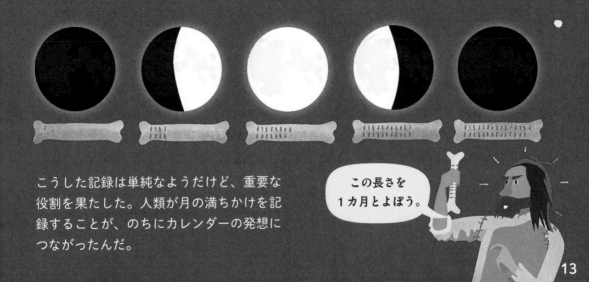

石器時代の数学

初期の人類が、数学の意味をどれだけ理解していたかはわからない。でも実は、数万年前の人々の暮らしに数学がとけこんでいた証拠《しょうこ》が残ってるんだ。

エリ、行き先を
２万年前に。
石器時代に
ゴー！

狩《か》りなどが長期間にわたる場合は、日の出や日の入りなどを記録することでその長さを理解した。

留守の間は、
日がのぼるたびに
この石を並べて。
石がなくなっても
帰ってこないとき
には、みんなで
探しに行くよ。

そして、距離《きょり》などのさまざまな条件から、狩りが成功する確率を計算した。

まだ遠すぎる。
近づくのを待とう…
オッケー！

今だ、行け！

道具を作るには、大きさや形などの寸法をあらかじめ知っておく必要があった。

サイズといい
形といい、ヤリ先に
ぴったりだ…
ポキン
…でもこの枝だと、
ヤリを作るには
ちょっと細すぎるな。

今日《こんにち》の私たちと同じように、昔の人たちも無意識のうちに計算をしていたんだ。

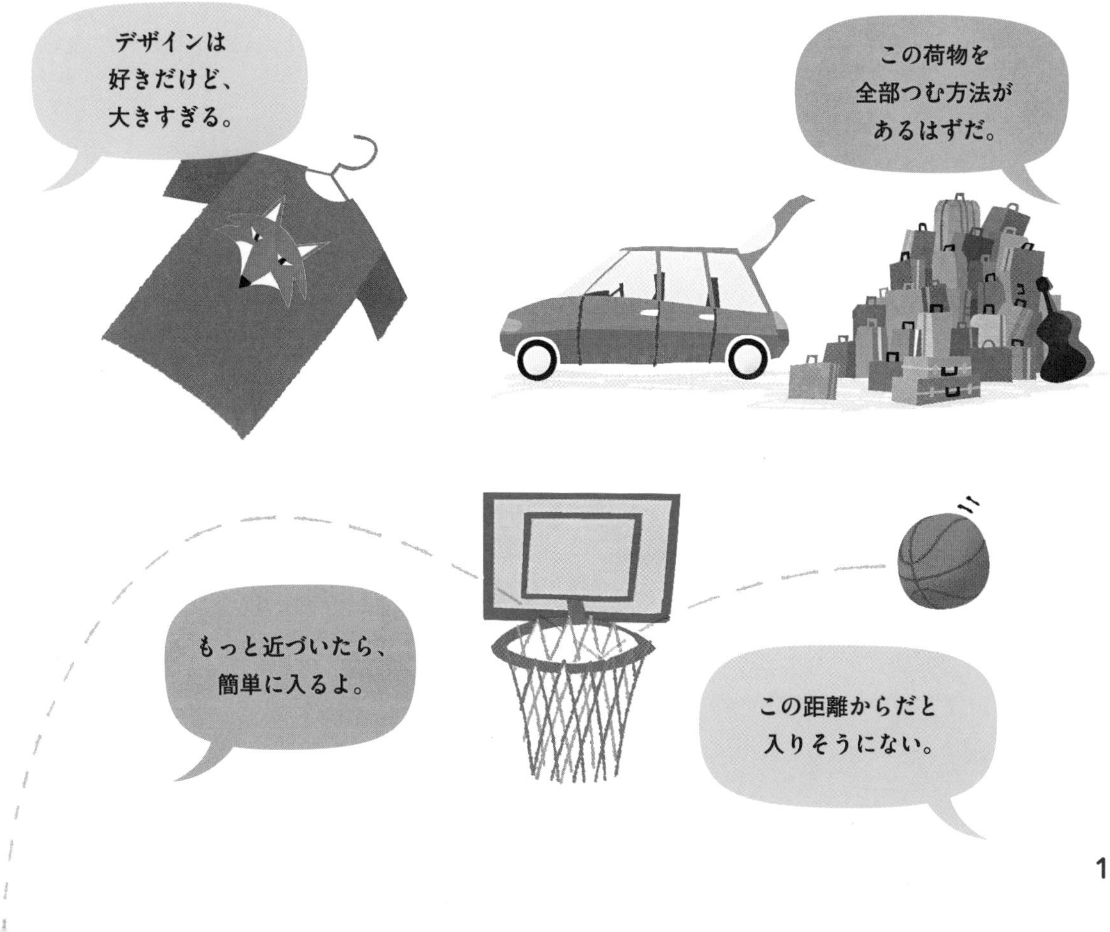
デザインは
好きだけど、
大きすぎる。
この荷物を
全部つむ方法が
あるはずだ。
もっと近づいたら、
簡単に入るよ。
この距離からだと
入りそうにない。

古代の数字

およそ4000年前、世界で最初の巨大帝国《きょだいていこく》の１つが、メソポタミア地方（現在のイラク）にうまれた。古代都市バビロンを中心とするこの文明の発展にともなって、数を表すための方法も進化していったんだ。

バビロニア人は数字をどうやって使っていたんだろう？ それをつきとめるには、彼《かれ》らの残した粘土板《ねんどばん》が参考になる。考古学者が見つけた粘土板の中には、学生用の数学の問題を記したものもあるんだ。

考古学データベース
バビロニア人の宿題
年代：約3800年前
発掘《はっくつ》場所：メソポタミア南部
えー？ これが宿題？
きみたちは重い粘土板を使わずにすんでラッキーだ。次は市場へ行ってみよう。
4000年前に宿題があったなんて信じられない…

バビロニア人は、２つの記号だけを使って、数を書きとめていた。

これは１を意味し…

…これは10を意味する。

大きな数を表すときは、これらの記号を組みあわせて使った。

ワンピース
コイン
いらっしゃい！ ワンピース１着、コイン19枚よ。
指輪
コイン
アクセサリーセール
町一番のお買い得
指輪１つがコイン34枚？ 高すぎるわ。

古代バビロニア人は、数字の書き方だけじゃなく、数の数え方も現代人とはちがっていた。

現在、私たちは十進法を使っている。これは、10 の倍数ごとに位を上げていく数え方だ。

百の位	十の位	一の位
1	1	1

バビロニア人は、大きな数を 1、10、100 のまとまりで書く十進法ではなく、六十進法を使っていた。つまり、60 のまとまりで数を数えたんだ。

この位は 3600 がいくつあるかをしめしている。10 の位が 10 になると 100 の位に繰りあがるように、60 の位が 60 になると、3600 の位に繰りあがる。

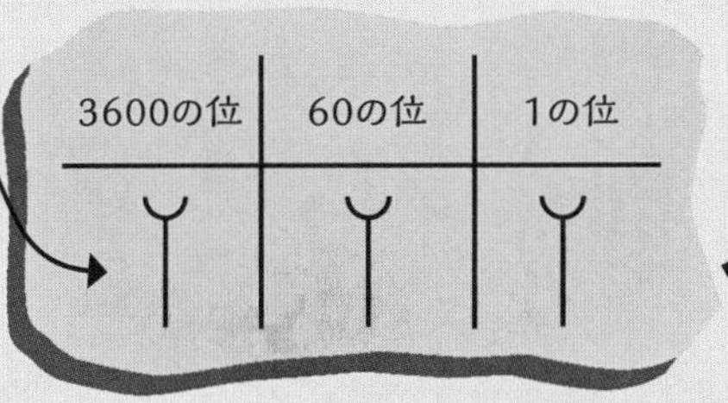
3600の位
60の位
1の位

つまり、この数字は 3661 を表している。

高級ジュエリー
指輪
コイン
指輪 1 つで
コイン 7272 枚 ?!
最初の店にしよ…

しかし、どうしてバビロニアの人々は 60 のまとまりで計算するようになったんだろう？それは、60 はさまざまな数でわり算をしやすい数だからだ。これは、電卓《でんたく》などがない時代にはとても便利だった。

60 までなら、手で数えるのも簡単だ。

片方の手の親指以外の指 4 本のしわを使って 12 まで数えたら…

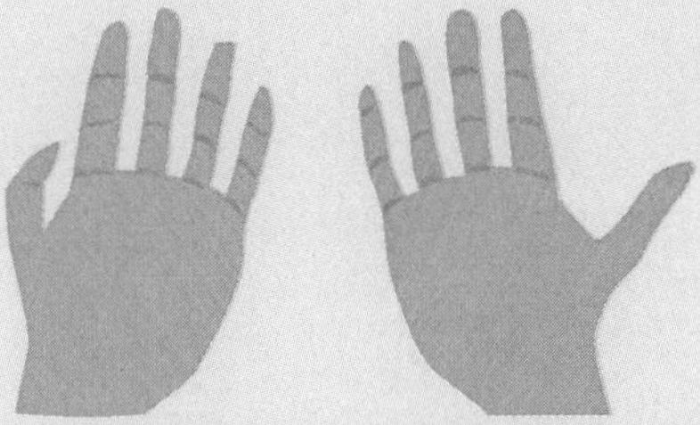

…もう片方の手の指を 1 つ折る。これを 5 回くりかえせば 60 だ。

バビロニアの数の数え方は、ちょっと変わってるよね。だけど、今でも角度や時間を測定するときには、六十進法が使われている。1 時間が 60 分で、1 分間が 60 秒なのはそのためだ。

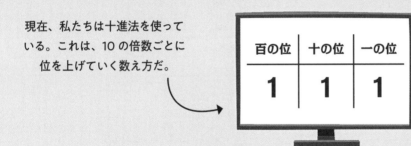

古代エジプト

古代バビロニアで算術が盛《さか》んになりはじめたのとほぼ同時期に、別のすぐれた数の書き方がエジプトでうみだされた。

エジプト人が数字を書きはじめたのは、およそ5000年前のこと。彼《かれ》らは7種類の記号を使い、10のまとまりで数を数えた。

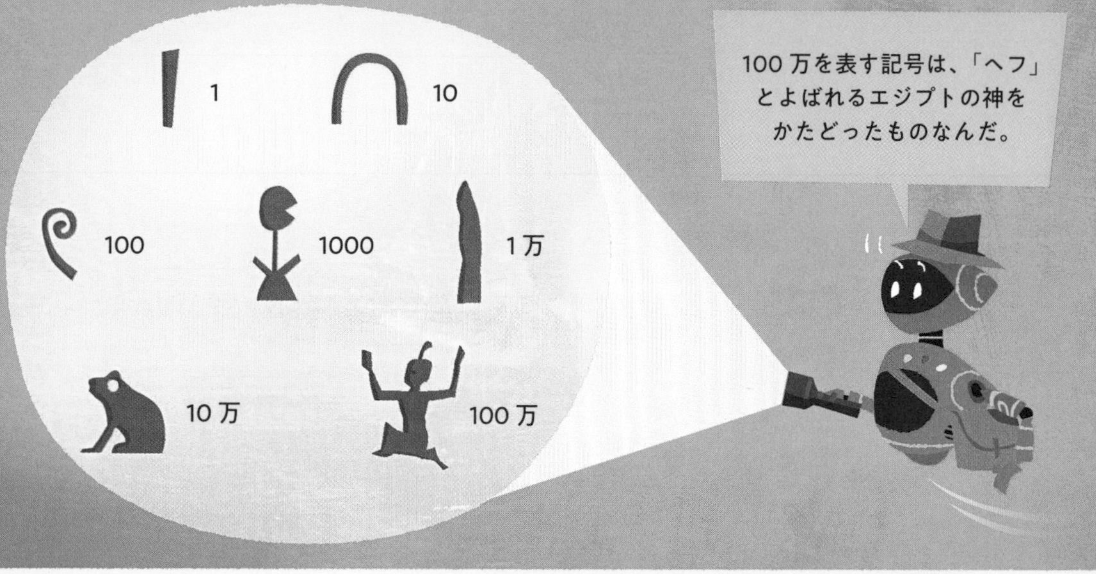
1
10
100
1000
1万
10万
100万
100万を表す記号は、「ヘフ」とよばれるエジプトの神をかたどったものなんだ。

これらの記号を組みあわせることによって、大きな数を表すことができた。ただし、書きやすい数と書きにくい数があったんだ。

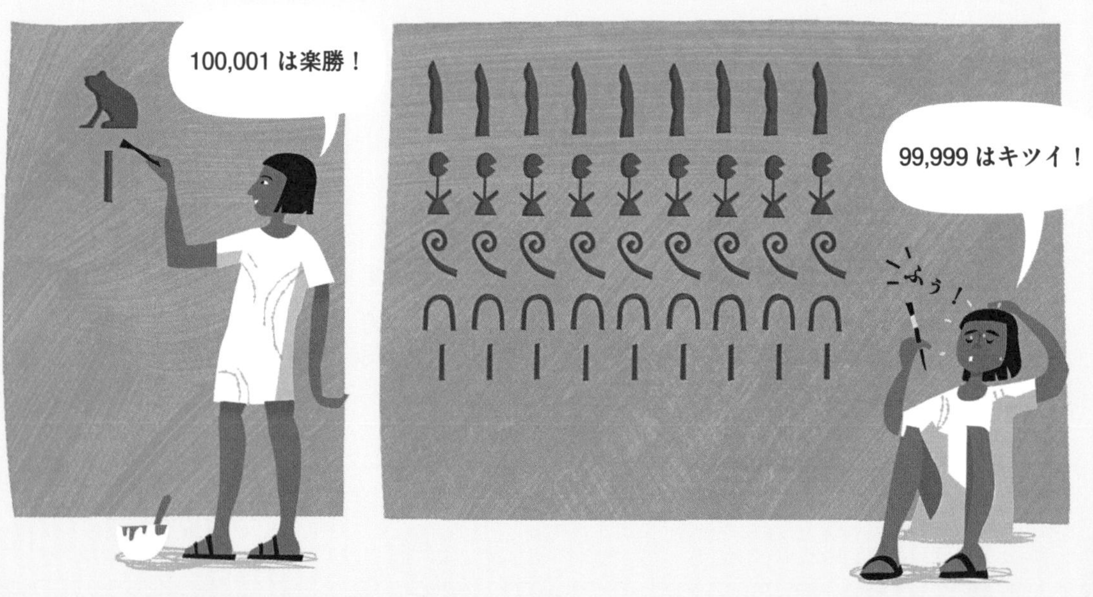
100,001は楽勝！
99,999はキツイ！
ふぅ！

残念ながら、古代エジプトの数字の書き方は完ぺきじゃなかった。でも一方で、エジプト人は画期的な数字の使い方もあみだしたんだ。たとえば、かけ算の場合……

以下は、４×９の答えを求めるための古代エジプトの計算方法だ。これは、２列の計算表を作るところから始まる。

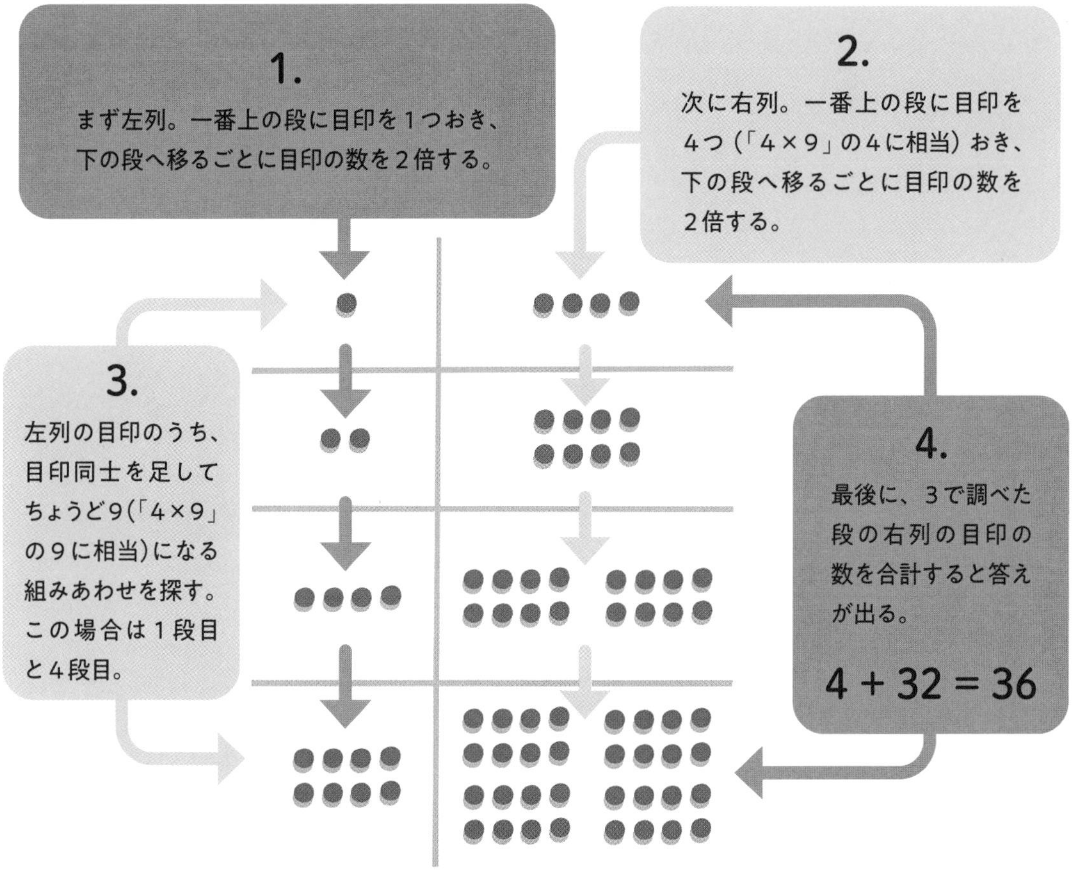
1.
まず左列。一番上の段に目印を１つおき、
下の段へ移るごとに目印の数を２倍する。
2.
次に右列。一番上の段に目印を
４つ（「４×９」の４に相当）おき、
下の段へ移るごとに目印の数を
２倍する。
3.
左列の目印のうち、
目印同士を足して
ちょうど9(「4×9」
の９に相当)になる
組みあわせを探す。
この場合は１段目
と4段目。
4.
最後に、３で調べた
段の右列の目印の
数を合計すると答え
が出る。
4 + 32 = 36

この方法には、現代の
コンピュータに欠かせない
二進法という数学が使われ
てるんだ。すごいでしょ？
でも、少し面倒《めんどう》くさそう。
もっと大きな数になったら、
目印を何個も書かなきゃ
いけないし。
これだったら
九九を暗記したほうが
いいや。そっちのほう
が早いもん。

古代の数学の使いみち

古代の人々が数学に取り組んだのは、数学自体が目的だったわけじゃなく、巨大《きょだい》な文明を築くのに必要だったからだ。人々は独自の工夫をこらしながら、さまざまな生活上の問題を解決するために数学を活用していた。

税金

古代の統治者は、現代と同じように、税金から収入を得ていた。税金は、人々が統治者に支払《しはら》うお金だ。

古代のエジプトやメソポタミアでは、農民の支払う税金は、それぞれがもつ作物や動物の数に応じて決められた。

古代ローマでは市民１人につき資産の１％を税金として集めた。

古代中国の役人は、税金の徴収《ちょうしゅう》と賃金の支払いについての問題を解決するため、初期の数学の教科書を使った。

計量

統一された計量の単位は、貿易、建設、および数学的アイディアを分かちあうのに欠かせないものだった。

エジプトでは、体の一部を使ってさまざまな長さを測った。たとえば指４本分は手のひらサイズ、手のひら７つ分は腕《うで》１本（ひじから指先まで）の長さに相当した。

古代インドの重さの単位は、一定量の穀物、豆、種子の重さを基本としていた。

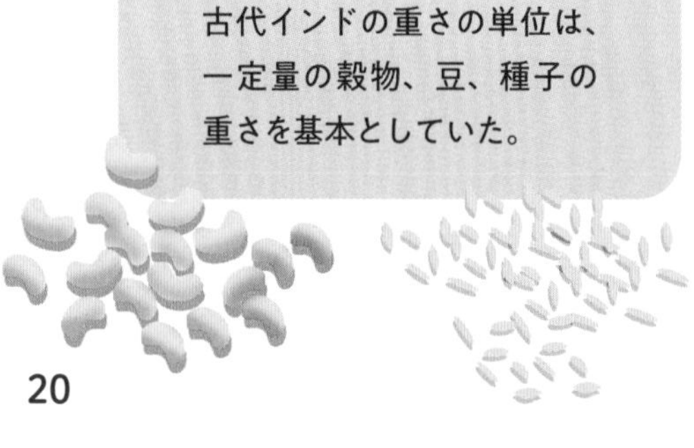

エジプトのピラミッド、複雑な構造をもつインドの祭壇《さいだん》、壮大《そうだい》なローマの寺院などの建造には、角度や形の計量が欠かせなかった。

古代エジプトの暦《こよみ》は、農業にとって大切なナイル川の氾濫《はんらん》にあわせ、3つの季節に分かれていた。

中央アメリカの古代マヤ文明では、太陽の動きに基づく1年365日の暦と1年260日の宗教暦《しゅうきょうれき》を用いていた。また、戦争の際には、金星の動きを見ながら戦術をたてていた。

時間

農業から宗教行事まで、人々の活動は、すべて正確な時間管理に基《もと》づいて行われていた。

古代の中国と日本では、短い時間を計るためにろうそくを使った。ろうそくの印を見れば、そこまでとけるのにどれだけ時間が経ったのかが、わかるしくみだ。

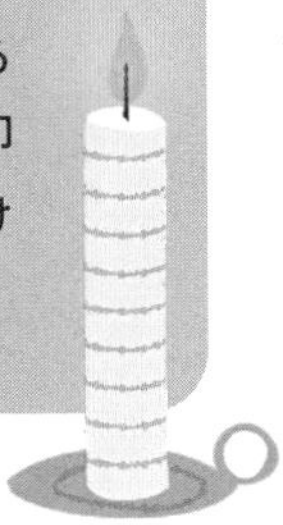

古代の世界では、水時計が広く使われていた。容器から流れでる水量によって、短い時間なら計ることができたんだ。

時間を計る方法は、時代とともに変化してきた。今日《こんにち》でも、時間を計るのに数学は欠かせない。

ろうそく時計って、どれだけ正確なの？
意外と正確だよ。ロボタン、タイマーの準備をお願い！
タイマー開始！
00:00

古代ギリシャの数学

およそ 2500 年前、ギリシャの思想家ピタゴラスは、数学をより深く研究するために学校を作った。ピタゴラスの発見で一番よく知られているのは、三角形にまつわるものだ。

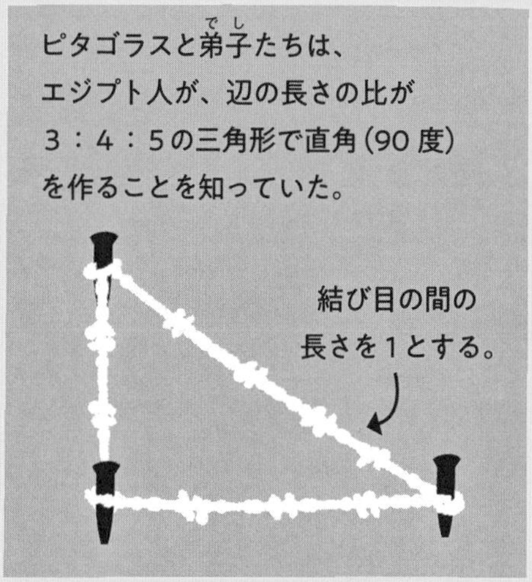
ピタゴラスと弟子《でし》たちは、
エジプト人が、辺の長さの比が
3：4：5の三角形で直角（90 度）
を作ることを知っていた。
結び目の間の
長さを1とする。

こうした三角形がなぜ直角を形づくるのか？
エジプト人が明らかにしなかったその数学的な
しくみを、ピタゴラスたちはつきとめようとした。
うーん…どうして
直角になるんだろう…

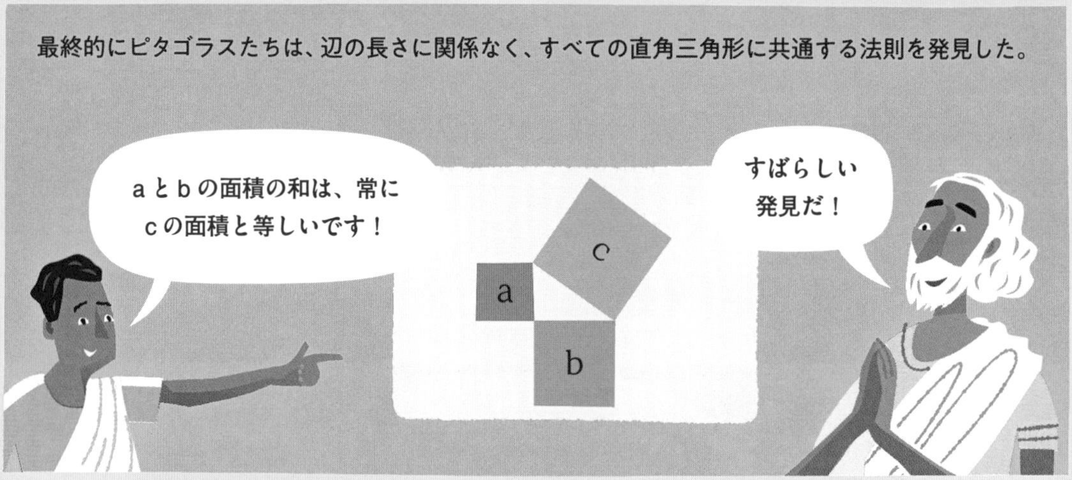
最終的にピタゴラスたちは、辺の長さに関係なく、すべての直角三角形に共通する法則を発見した。
a と b の面積の和は、常に
c の面積と等しいです！
すばらしい
発見だ！
c
a
b

この法則は、彼《かれ》らが発見するより前に、多くの古代文明ですでに発見されていた。じゃあ、ピタゴラスの発見は、なにがそんなに特別なんだろう？

それは、この数学的な法則がすべての直角三角形にあてはまることを初めて証明したところにある。

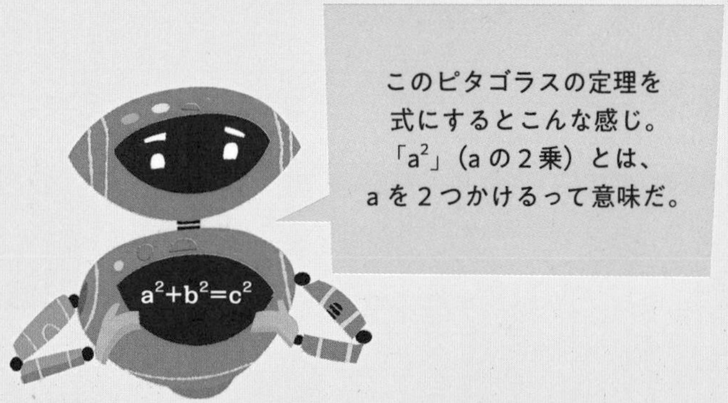
このピタゴラスの定理を
式にするとこんな感じ。
「a^2」（a の 2 乗）とは、
a を 2 つかけるって意味だ。
$a^2+b^2=c^2$

およそ2300年前、古代ギリシャのもう１人の天才、ユークリッドは、「原論」という革新的な数学書を書いた。彼は、過去の数学者が発見した多くのアイディアが正しいことを、この本の中で証明したんだ。

それって証明する必要ある？
エジプト人は、数学で証明なんてしなくても直角三角形を作ってたよ。

確かにね。でも当時の人たちは、辺の長さが３：４：５の三角形が直角を作ることしか知らなかった。直角三角形の斜辺《しゃへん》の２乗が、残る２辺の２乗の和と常に等しくなることは知らなかったんだ。

でも、どうやってそれを証明したのかな？ ふつう証明ってどうやるの？

公理とよばれる明らかな事実をもとに論理を積みかさねて、結論を導くんだ。途中《とちゅう》でルールをやぶらずに結論までたどりつければ、その考えが真実だと証明できる。

なるほどね。でも納得《なっとく》いかないな。なにかを証明するのに、あることが事実だと仮定しなきゃいけないの？

確かにきみと同じことを言う数学者もいる。でも、受け入れざるを得ない事実もあるんだ。そうした事実を前提にすることで、より複雑な問題が証明できるんだよ。

そっか、方法はなんとなくわかった。でも、証明が必要な理由がわかんないな…

それならユークリッドの「原論」を読んでごらん。2000年以上前に書かれた本だけど、そこで証明された法則は、今なお真実だよ。

じゃあ証明さえできれば、自分の発見した法則を永久に残せるんだ！

理論上はそのとおり。でも実際の証明はものすごく大変だ。やりがいも大きいけどね。

数学的な証明がなされることで、数学は、現実問題を解決するための手段から、より大きな法則性を理解するための足がかりになったんだ。ピタゴラスの定理のようにね。

ゼロの発明

ゼロが発明される以前の人々は、物が「ある」ことと「ない」ことのちがいはわかっていたけれど、「ない」が数の一部だとは考えていなかった。じつは、「ない」＝ゼロを数ととらえるのは、驚《おどろ》くほど便利な考え方なんだ。

古代バビロニアなど一部の古代文明では、数をもたない位を空白で表していた。（p.17 も参照）

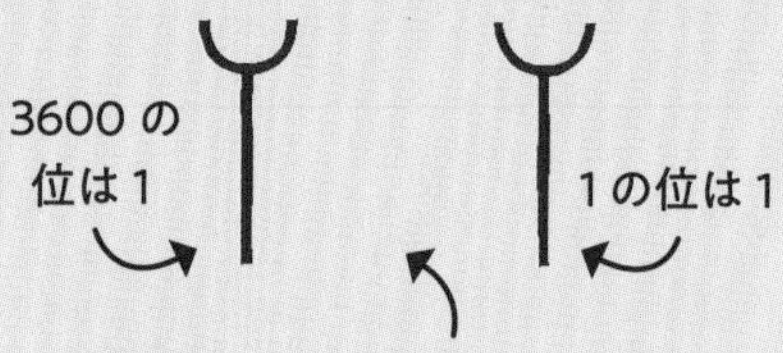

3600 の位は 1
1 の位は 1

この空白は 60 の位がないことを意味する。つまりこの数は 3601。

ところが、当時は数の末尾《まつび》をゼロで表す方法がなかった。そのため、次のような誤解をうむことがしばしばあったんだ。

この数は 10 のまとまりが 1 個、1 のまとまりが 0 個であることをしめしている。 **10**

ところが古代バビロニアでは末尾の 0 が表せなかったため、この数は 1 とも、60 とも、3600 とも読めた。

今日《こんにち》、私たちが知るゼロは、およそ 1400 年前にインドで発明された。ブラマグプタという名の数学者が、革新的なゼロの使い方を考えだしたんだ。

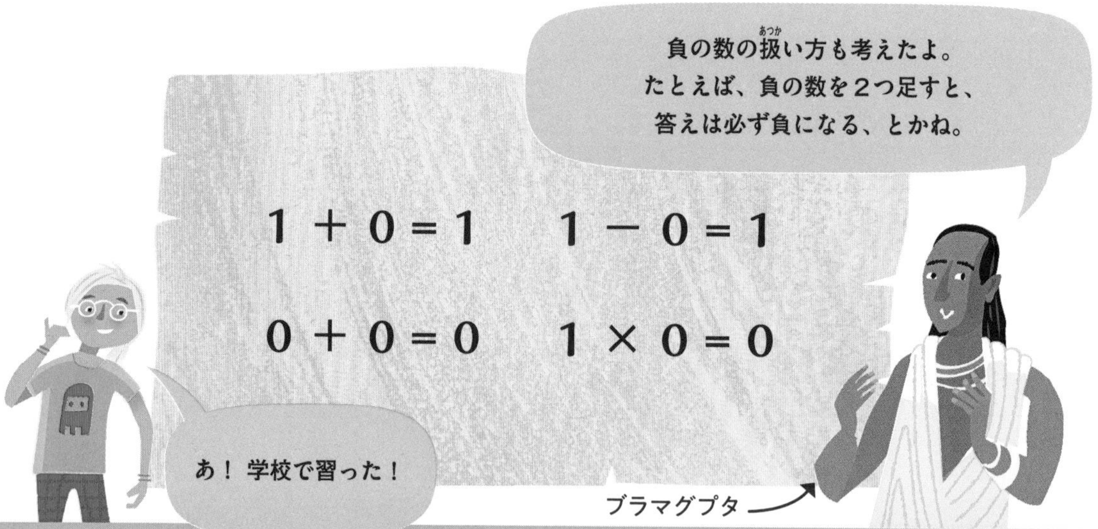

負の数の扱《あつか》い方も考えたよ。たとえば、負の数を２つ足すと、答えは必ず負になる、とかね。
1 ＋ 0 ＝ 1
1 － 0 ＝ 1
0 ＋ 0 ＝ 0
1 × 0 ＝ 0
あ！ 学校で習った！
ブラマグプタ

こうした規則性は単純に思えるかもしれないけれど、現在でも、数学を行う上では欠かすことができない。ゼロがなければ、コンピュータもインターネットも機能しないんだ。

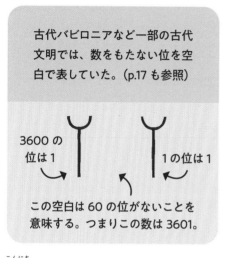

今の数字ができるまで

今から 2000 年以上前、**ブラーフミー数字**とよばれる数字がインドでうまれた。当時の数学者たちは想像すらしなかったけど、最終的にその一部が、地球上で最も広く使われている現在の数字へと変化していったんだ。

ブラーフミー数字

およそ 1400 年前、ブラーフミー数字は**インド数字**へと変化した。
このときには、ゼロを表す記号もすでに使われはじめていた。

さらに約 1200 年前には、インド数字がインドからアラブ世界に伝わった。
そして、イスラムの数学者がインド数字をさらに発展させうまれたのが、**アラビア数字**だ。

アラビア数字がヨーロッパで広く使われるようになったのは、およそ 600 年前のこと。
その後、現在世界中で使われている**インド・アラビア数字**へと、少しずつ変わっていったんだ。

1 2 3 4 5 6 7 8 9 0

ゼロが発見され、さらに世界中で通用する数字が誕生したことで、数学的な発見やアイディアが、世界中の数学者の間で共有され、理解され、議論できるようになったんだ。

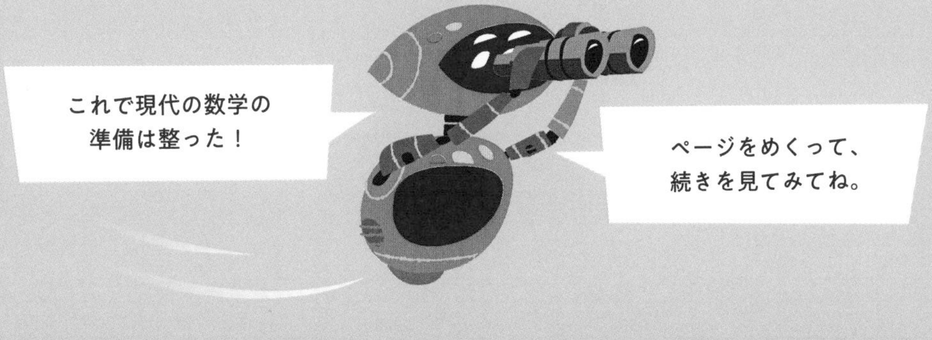
これで現代の数学の
準備は整った！
ページをめくって、
続きを見てみてね。

第2章
数

数学と聞いて真っ先に思いうかぶのが、数字だ。この本のページ番号や価格表示にも使われているし、バスの時刻表からスポーツの結果まで、数字はあらゆるところで使われている。私たちは数を数えたり、なにかを測ったり、情報やアイディアを伝えたりするために数字を使っているんだ。

ただし、数の使い道は、たし算や料理の計量ばかりじゃない。数は、不思議なパターンや予想外の結果を説明したいとき、未知の値《あたい》を知りたいときにも役だつ。そしてなんといっても面白《おもしろ》いのは、数には終わりがないってこと。永遠に続くんだ……

この世で一番
大きな数って？
無限大？ とはいえ、
終わりはあるよね？
じゃあ確かめに行こう！
いざ、「無限」の旅へ！

無限ホテルのパラドックス

無限大とは、実際の数じゃなく、数が永遠に続くという考え方のことをさす。よりわかりやすく説明するために、数学者のダフィット・ヒルベルトが考えたホテルの例を見てみよう。

ここはムゲン・ホテル。部屋は常に満室だ。
でも、新しいお客はいつでも受けいれてくれる。

今夜、1泊《ぱく》で！
かしこまりました。ご用意いたします…

客室は無限にあるので、お客が来るたびに先客がとなりの部屋にずれていけば、1号室が空くんだ。

11
12
13
14
15
16
1
2
3
移動するの何度目？安いわけだよ！

そんなある日、無数の客を乗せたバスがムゲン・ホテルにやってきて…

無数個の部屋をお願いしたいんです…
おまかせください！

支配人は各部屋の客に、今の部屋番号を2倍した番号の部屋へ移るようお願いした。

327
654号室ってどこ～？

部屋番号を2倍したんだから、先にいた客は今、偶数《ぐうすう》番号の部屋にいる。
つまり、新しい無数の客には、奇数《きすう》番号の部屋を使ってもらえばいい。

8395
8396
8397
8398
8399
8400
8401
8402
8403
8404
8405
8406
8407
8408

仕事も無限にある！

このように架空《かくう》の状況《じょうきょう》を使って考えをめぐらす方法は、**思考実験**とよばれる。数学者にとっては、気の遠くなるような問題を深く考えるための楽しい方法なんだ。

いろいろな無限

数学者たちはさらに研究を進め、無限にもさまざまな種類があることを発見した。

1, 2, 3, 4, 5, 6, 7, 8, 9, 10, 11, 12, 13, 14, 15, 16, 17, 18, 19, 20, 21,
無限にある整数を全部書きだすなんて、一生かかっても無理！引きうけるんじゃなかった…
0, 1, -1, 2, -2, 3, -3, 4, -4, 5, -5, 6, -6, 7, -7, 8, -8, 9,
そんなのまだ楽だって！私なんて正の数と負の数の両方を書きだすから、その２倍だよ。
1 1 1 1 1 1 1 1 1 1 1
1 2 3 4 5 6 7 8 9 10
あなたたち２人ともラッキーよ。私の数はどんどん小さくなる上、それが無限に続くのよ。
一番長いのはぼくさ。無限の中にふくまれる小数を全部書きだすなんて不可能だから、ムダな努力はしない。
いずれにせよ、どの無限も無限に続くわけだから、結局すべて無限に長くなるよ。

つまり、無限とは特定の数をさすわけでも、特定の数の集まりをさすわけでもない。確かなのは、どの種類の無限であれ、すべて限りがないということだ。

三角数と四角数

数字というのは、１から２、２から３といったワンパターンな増え方を永遠にくりかえすように思うかもしれない。でも、必ずしもこうしたパターンで増えていくとは限らない。数字の増え方にもいろいろあるんだ。

まずは三角形から始めよう。
えっ、数字の話でしょ？
その次は四角形とか？

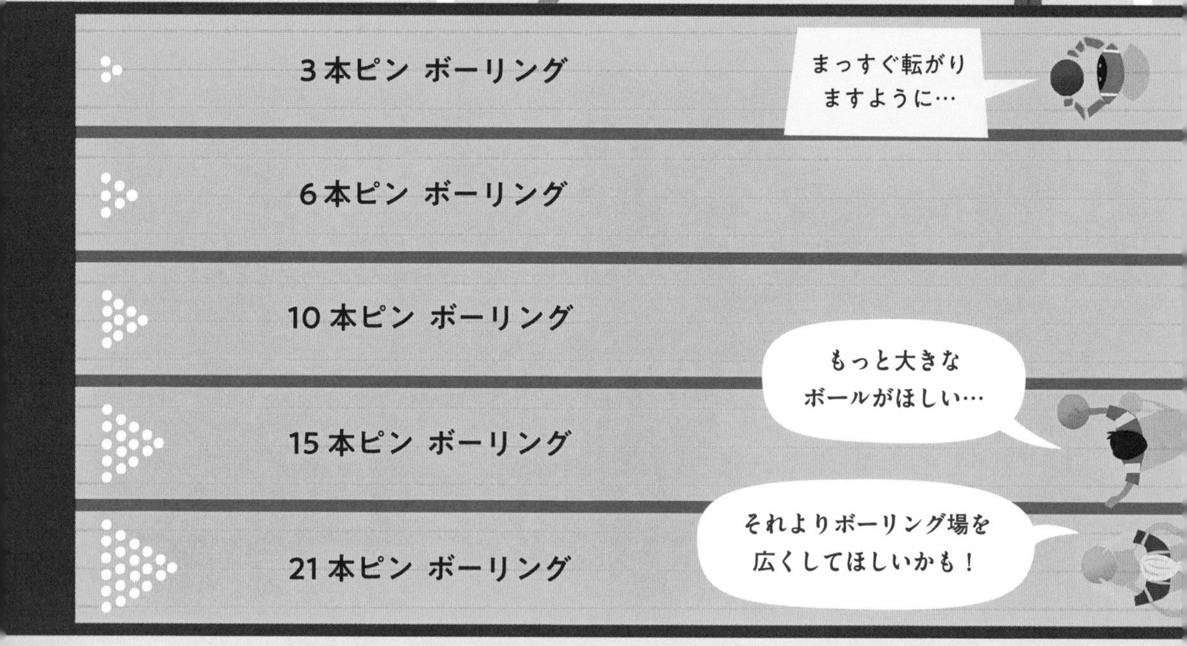

３本ピン ボーリング
まっすぐ転がりますように…
６本ピン ボーリング
10 本ピン ボーリング
もっと大きなボールがほしい…
15 本ピン ボーリング
それよりボーリング場を広くしてほしいかも！
21 本ピン ボーリング

あ、わかった！ 並べたとき三角形になるピンの数は決まってるから…
三角形はピンの数によって３、６、10、15、21…と数えたらわかりやすいね。
そのとおり！このパターンで増える数を**三角数**とよぶんだ。

三角数と同じく、並べるとちょうど正方形になる数もある。それらの数がなんとよばれてるかというと……**四角数**だ。

このおかしで正方形を作ろう。
まず4つでしょ。
9でも作れた！
その次は16。
四角数の意味はわかったけど、これがなんの役にたつの？
四角数は日常的によく使われてるんだ。内装を手がける工務店とかね…
うーん、あと塗《ぬ》れてないのは、正方形のブロック45枚分か。ペンキ1缶で12ブロック塗れるから…
ペンキがもうない。あと4缶《かん》は必要！

さまざまな数列

この世界にはさまざまな数列がある。その並び方は規則的なものばかりじゃなく、一見、不規則に見えるおかしな数列も、この世界にはたくさんあるんだ。そして その多くは、よく見るとなんらかの数学の法則にしたがって並んでいる。

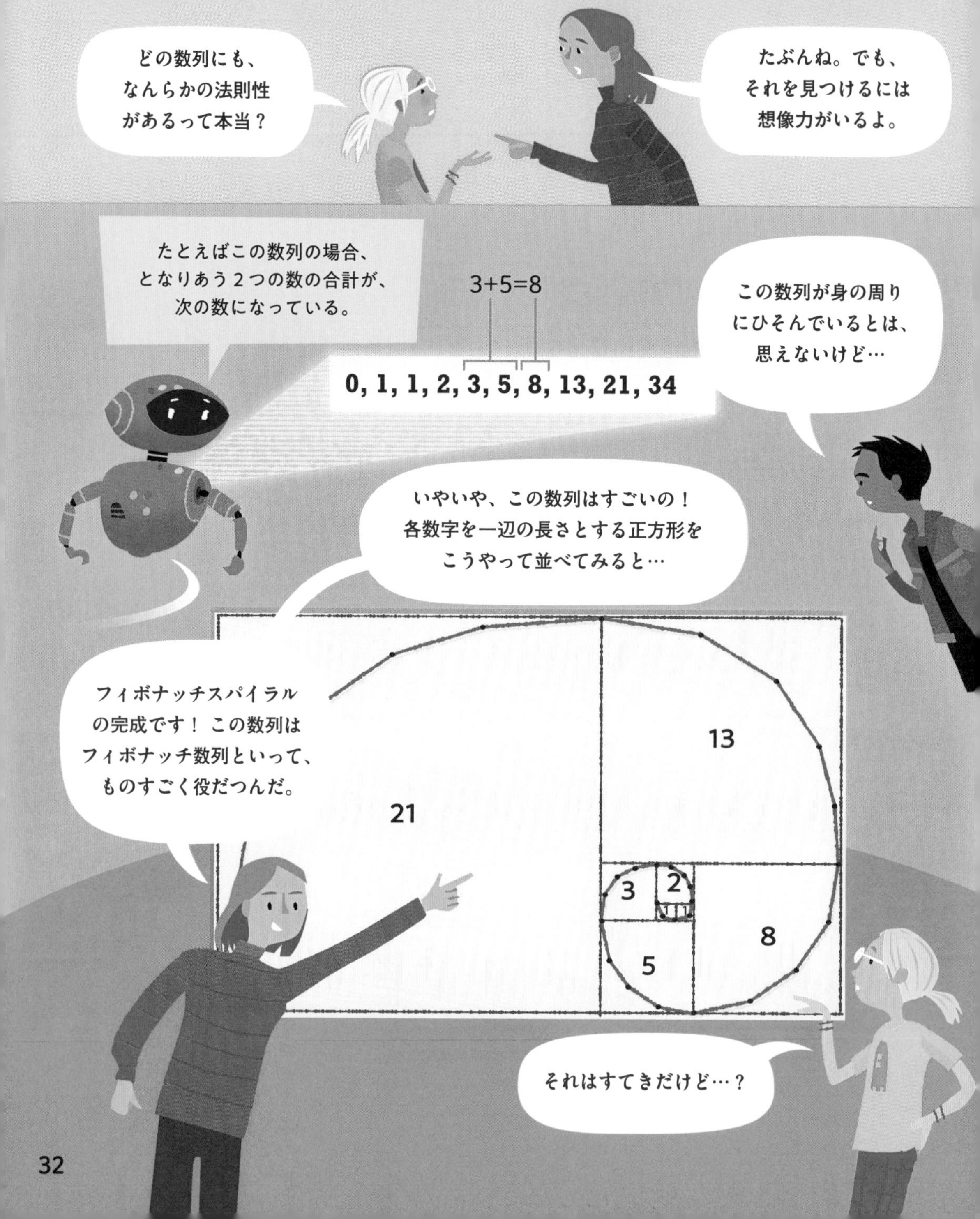
どの数列にも、なんらかの法則性があるって本当？
たぶんね。でも、それを見つけるには想像力がいるよ。
たとえばこの数列の場合、となりあう２つの数の合計が、次の数になっている。
3+5=8
0, 1, 1, 2, 3, 5, 8, 13, 21, 34
この数列が身の周りにひそんでいるとは、思えないけど…
いやいや、この数列はすごいの！ 各数字を一辺の長さとする正方形をこうやって並べてみると…
フィボナッチスパイラルの完成です！ この数列はフィボナッチ数列といって、ものすごく役だつんだ。
21
13
3
2
1 1
8
5
それはすてきだけど…？

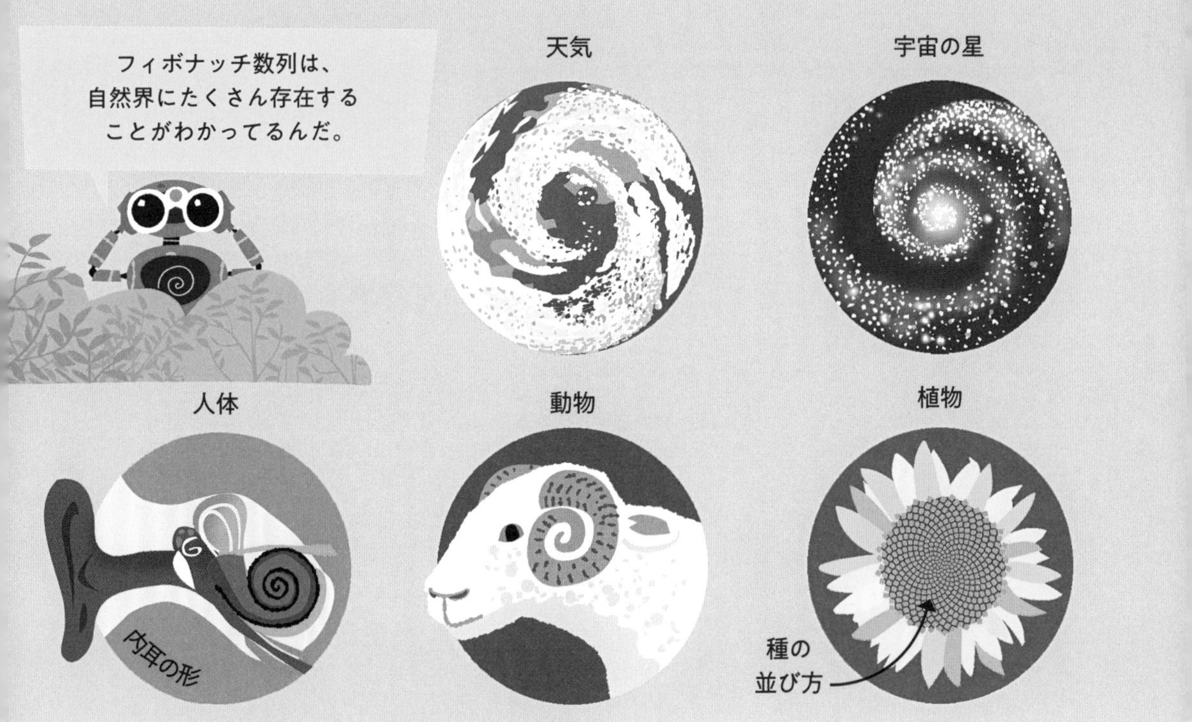
フィボナッチ数列は、
自然界にたくさん存在する
ことがわかってるんだ。
天気
宇宙の星
人体
内耳の形
動物
植物
種の
並び方

ほかにも、数列はいろいろな場所に
ひそんでいる。実はきみたちが楽しんでいる
ことの、ほとんどが数列で表せるんだ。
音楽やダンスのテンポや
リズムにも、数列が
ひそんでるんだよ。
いくよ？
1、2、3、1、2、3
いろんな物事が
数列にしたがっている
のはわかった。でも、数字が
なくたって、音楽やダンス
はなくならないよ。

この問題は、数学者の間でも意見が分かれる。この世のすべてを数列で表せると考える人もいれば、そうじゃない人もいるんだ。

素数

何千年もの間、数学者を夢中にしてきた数の 1 つが**素数**だ。素数というとシンプルな数のようだけど、この数には驚《おどろ》くべき性質があって、まだ多くの謎《なぞ》に包まれている。

素数は、1 とその数でのみ割りきれる整数だ。この表の中の青い四角は、1 から 100 までの間にある 25 個の素数をしめしている。

1 は 1 でしか割りきれないので、素数ではない。

偶数《ぐうすう》の素数は 2 だけ。それ以外の偶数は 2 で割りきれるので、素数ではない。

1	2	3	4	5	6	7	8	9	10
11	12	13	14	15	16	17	18	19	20
21	22	23	24	25	26	27	28	29	30
31	32	33	34	35	36	37	38	39	40
41	42	43	44	45	46	47	48	49	50
51	52	53	54	55	56	57	58	59	60
61	62	63	64	65	66	67	68	69	70
71	72	73	74	75	76	77	78	79	80
81	82	83	84	85	86	87	88	89	90
91	92	93	94	95	96	97	98	99	100

17 と 19 のように、間の数が 1 つしかない素数のペアは、双子《ふたご》素数とよばれている。

数が大きくなるほど素数が現れる頻度《ひんど》は低くなるが、数を数えつづける限り、素数も永遠に現れつづける。

これまで発見された最大の素数は、2400 万桁《けた》以上だ。

1 と素数をのぞく整数は**すべて**、素数同士のかけ算で表すことができる。

99 = 3 × 33
= 3 × 3 × 11

100 = 10 × 10
= 2 × 2 × 5 × 5

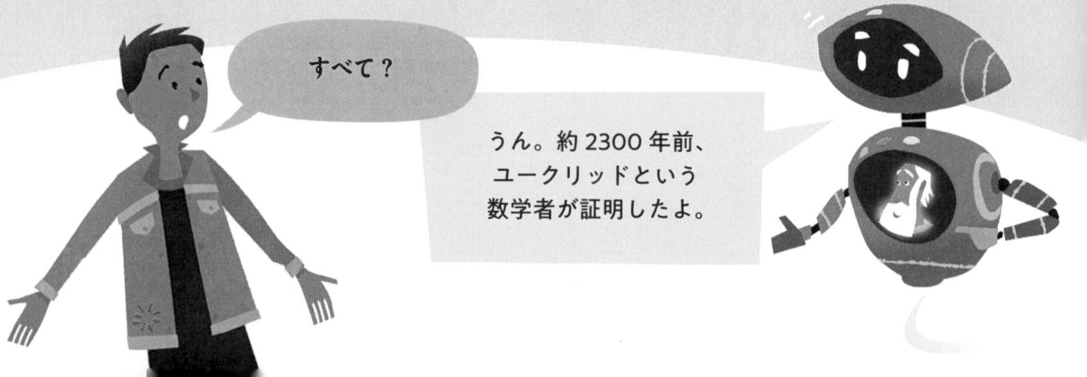

すべて？
うん。約 2300 年前、ユークリッドという数学者が証明したよ。

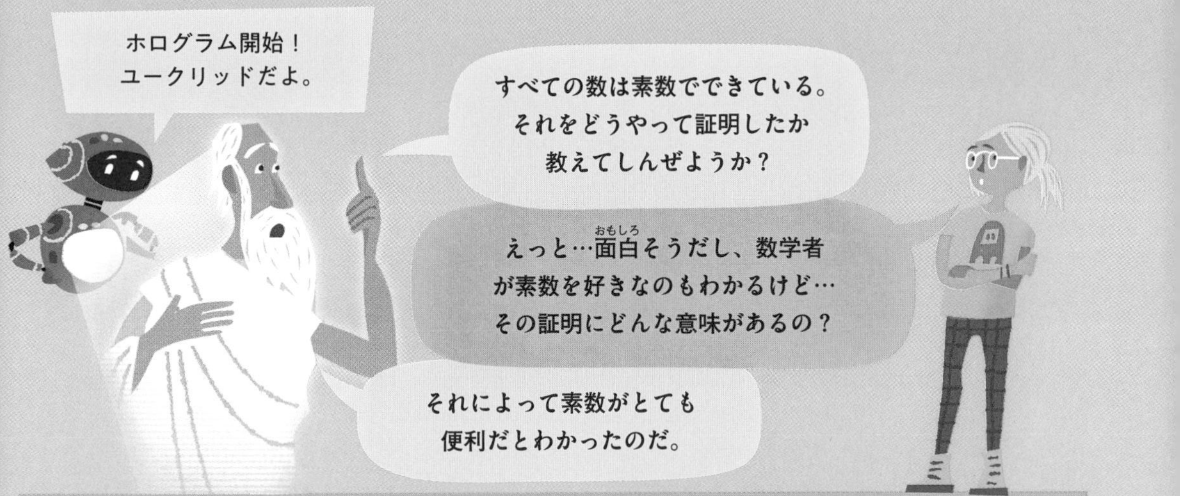
ホログラム開始！
ユークリッドだよ。
すべての数は素数でできている。
それをどうやって証明したか
教えてしんぜようか？
えっと…面白《おもしろ》そうだし、数学者
が素数を好きなのもわかるけど…
その証明にどんな意味があるの？
それによって素数がとても
便利だとわかったのだ。

オンラインショッピング

私たちがオンラインで買い物をするとき、
クレジットカードの情報を守るのは素数だ。

カード情報が送信されるときには、数百桁もの大きな数が暗号として使われる。この数は２つの素数だけでできていて、だれでも見られるようになっている。
一方、２つの素数にまつわる情報は売り手側のコンピュータにしかない。そのため、この素数がカード情報を守る「鍵《かぎ》」となるんだ。売り手側がこの鍵を使ってカード情報を手にいれると、買い物が成立する。こうした素数による情報保護のしくみを、**暗号化**という。

ホーム　服　バッグ　買い物カゴ

ピザ風 着ぐるみ（Mサイズ）

希望小売価格
5990円

サイズ豊富
トッピングも可能

決済しています…お待ちください

解読の鍵となる素数を求めるのは、
たくさんのコンピュータを使っても
何年もかかる。だから安全なんだ。

素数はあまりに便利なので、素数の新発見に多額の
賞金をかけている団体もある。

電子フロンティア財団

1億桁以上の
素数を見つけた者に
15万ドルを与《あた》える。

電子フロンティア財団

10億桁以上の
素数を見つけた者に
25万ドルを与える。

クレイ数学研究所

リーマン予想（素数が現れる頻度についての仮説）を証明した者に100万ドルを与える。ただし、予想の内容を理解するには、数学を何年も勉強する必要がある。

指数関数的《しすうかんすうてき》増加

増えれば増えるほどうれしい数ってあるよね？ たとえば、お金。なんの数にせよ、それがどんな増え方をしているかを理解することが大切だ。

たとえば、夏休みに１カ月間のアルバイトをするとする。給料の計算方式を次の２種類から選べるとしたら、きみはどっちを選ぶかな？

その①

今日も明日も明後日《あさって》も、
１カ月間、毎日１万円。

その②

今日は１円、明日は２円、明後日は４円、
その翌日は８円、翌々日は 16 円というように、１カ月間、毎日増えていく。

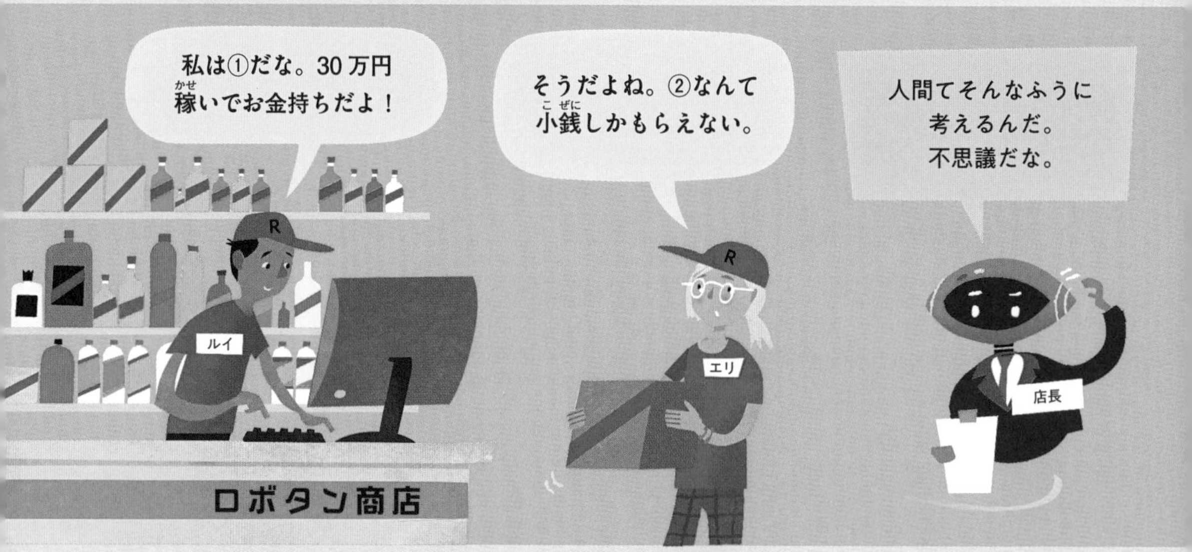
私は①だな。30 万円
稼《かせ》いでお金持ちだよ！
そうだよね。②なんて
小銭《こぜに》しかもらえない。
人間てそんなふうに
考えるんだ。
不思議だな。
ルイ
エリ
店長
ロボタン商店

たしかに初めのうちは、②でもらえる給料はほんのわずかで、①のほうが稼ぎが多そうだ。ただし、２週間、１カ月と時間がたつと、話は変わってくる。

日数	1	2…	…13	14	15	16…	…29	30
①	１万円	１万円	１万円	１万円	１万円	１万円	１万円	１万円
②	１円	２円	4,096円	8,192円	16,384円	32,768円	2億6843万5456円	5億3687万912円

②の場合、もらえる給料は、毎日、前日の２倍に増える。すると 30 日後には、①を選んだ人は 30 万円しかもらえないけど、②を選んだ人は、10 億円以上もらえることになる。

その①

受けとる金額は毎日変わらない。
このような増え方を**線形増加**とよび、
グラフにすると直線を描《えが》く。

その②

受けとる金額が日に日に急ピッチで増える。
こうした増え方を**指数関数的《しすうかんすうてき》増加**とよび、
グラフの角度はどんどん急になっていく。

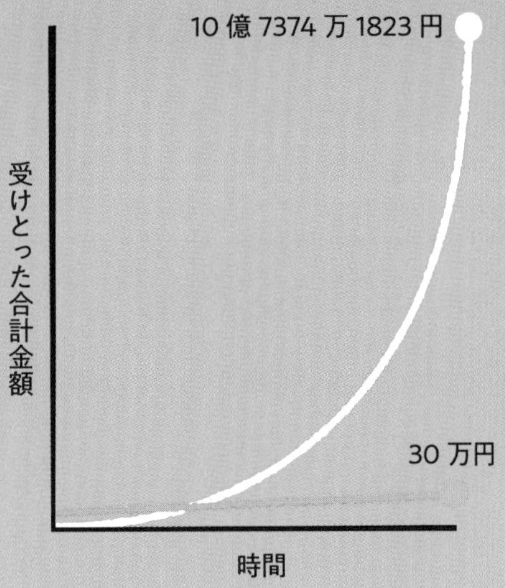

10億7374万1823円
受けとった合計金額
30万円
時間

指数関数的に増える数を追うのは大変だ。時には完全に手に負えなくなり、とんでもない結果をまねいてしまう。新型コロナウィルスの世界的な感染爆発《かんせんばくはつ》（パンデミック）がおきたときが、まさにそうだった。

ある街に、ウィルスに感染した人が１人やってきたとする。この人から、１週間あたり平均５人に感染したとすると……

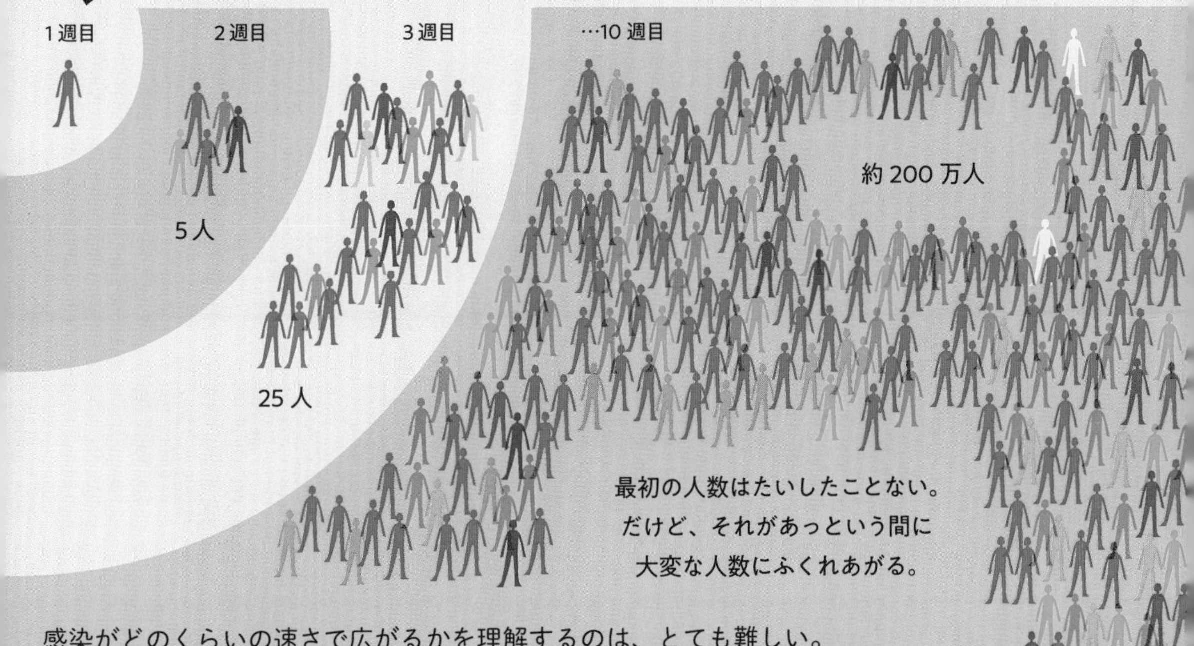

1週目
2週目
3週目
…10週目
5人
25人
約200万人
最初の人数はたいしたことない。
だけど、それがあっという間に
大変な人数にふくれあがる。

感染がどのくらいの速さで広がるかを理解するのは、とても難しい。
2020年に始まった新型コロナウィルスの流行で、一部の国の対応が遅《おく》れた理由の一つでもある。

代数のしくみ

数の値《あたい》がわからない場合は、別の値とつりあいを取りながら答えを出す。こうした計算方法を、**代数**とよぶんだ。

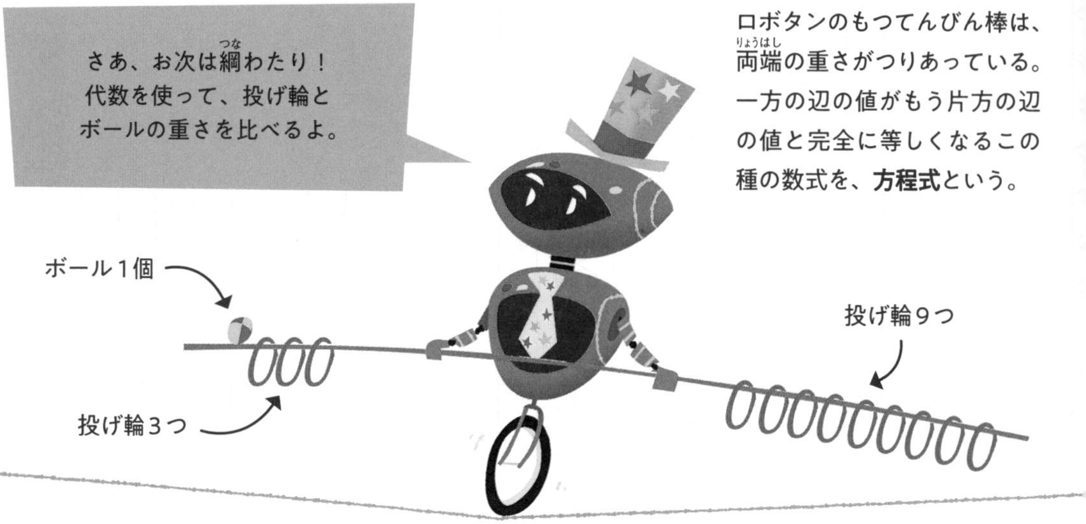
さあ、お次は綱《つな》わたり！
代数を使って、投げ輪と
ボールの重さを比べるよ。
ボール１個
投げ輪３つ
投げ輪９つ

ロボタンのもつてんびん棒は、両端《りょうはし》の重さがつりあっている。一方の辺の値がもう片方の辺の値と完全に等しくなるこの種の数式を、**方程式**という。

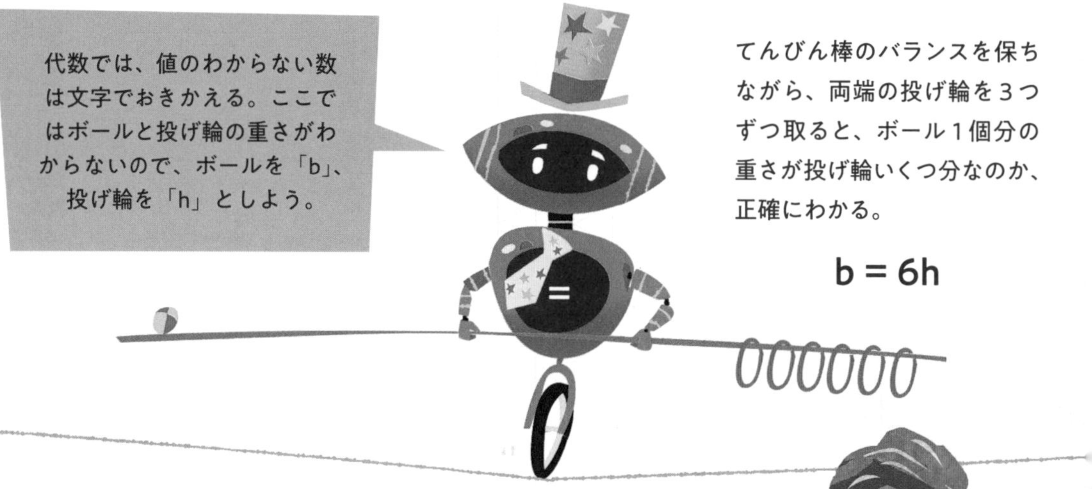
代数では、値のわからない数
は文字でおきかえる。ここで
はボールと投げ輪の重さがわ
からないので、ボールを「b」、
投げ輪を「h」としよう。
=

てんびん棒のバランスを保ちながら、両端の投げ輪を３つずつ取ると、ボール１個分の重さが投げ輪いくつ分なのか、正確にわかる。

$$b = 6h$$

ボール１個分の重さがわかれば、投げ輪１つ分の重さも計算できる。代数は、すでにわかっている値を使って、まだわからない値をだすために、よく使われるんだ。

私の本の書名が
代数（algebra）の
語源なんだ。
ムハンマド・イブン・
ムーサ＝アル・フワーリズミー
９世紀に活躍《かつやく》した
ペルシャの数学者
アル＝
ジャブル
両辺にある
数字を片方に
まとめるには

たとえ一部の値がわからなくても、代数を使えば、さまざまな数の関係性をしめすことができる。これによって科学者は、壮大《そうだい》な考えをシンプルかつわかりやすく説明できるんだ。

たとえばこの式は、地球から別の星までの距離《きょり》を表している。使うのはたった 2 文字だ。

$$d = \frac{1}{p}$$

d は、星までの距離をパーセク（約 3.26 光年 = 約 31 兆km）で表したもの。

p は、視差角（地球を中心に星が 6 カ月の間に動いたように見える角度）を秒角（とても小さな角度の単位）で表したもの。

「p」の値がわかれば、「d」の値もわかる。たとえば、シリウスという星の視差角は 0.38 秒角なので、地球からは約 2.6 パーセクはなれていることになる。

役にたつ代数

科学

科学者は、宇宙の変化や素粒子《そりゅうし》のふるまいなど、複雑で想像するのが難しい現象を理解するために、代数を使う。

ビジネス

会社の利益を計算したり、株式投資の動きを予測したりするためにも、代数を使う。

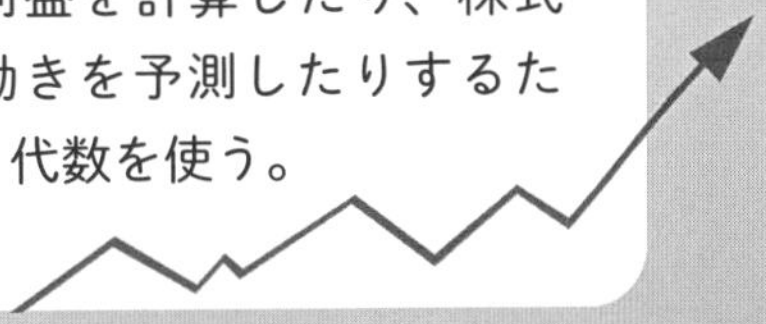

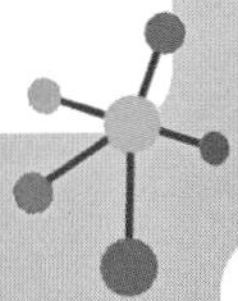

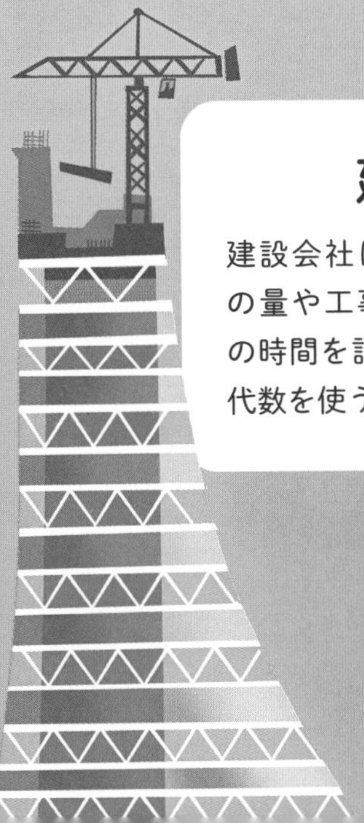

建築

建設会社は、必要な材料の量や工事が終わるまでの時間を計算するために、代数を使う。

IT と設計

代数がなければ、IT プログラマーは最先端《さいせんたん》のプログラムを作れないし、車両エンジニアはスリル満点かつ安全なジェットコースターを設計することができない。

風変わりな数

この世界には、ちょっと変わった数がたくさんある。役だつものから面白《おもしろ》いだけのものまで、種類はさまざまだ。ここで紹介《しょうかい》する数に、きみもどこかで出あうかもしれないよ。

完全数

その数自身をのぞくすべての約数（割りきる数）の合計が、その数自身と等しくなる数を、**完全数**という。

最も小さな完全数は6
6の約数：1、2、3、6
1＋2＋3＝6

その後は28、496、8128と続く。
完全数を見つけるのは難しいんだ。

数秘術

宇宙を説明するのに数が使われることは知ってるよね？ 一部の人は、数のこうした神秘的な性質を信じ、人の性格や運命についても教えてくれると考えている。それが**数秘術**だ。

生年月日の数字を1桁《けた》の数になるまで足していくと、自分の「運命数」がわかる。たとえば誕生日が2012年8月1日の場合、運命数は次のとおり。

$$2+0+1+2+8+1=14$$
$$1+4=\mathbf{5}$$

数秘術では、運命数がその人の未来を表していると考える。たとえば5の場合は、「自由と変化」がキーワードだ。

数秘術を面白いと考える数学者は多い。ただ、信じている人は少なそうだ。

9の不思議

好きな数に9をかけて、出た答えの各桁を1桁になるまで足していくと、答えは必ず9になる。試《ため》してみよう。

8×9=72
7+2=9
104×9=936
9+3+6=18
1+8=9
これは、手を使って
九九の9の段を計算する
方法とも関係があるんだ。

9×4の場合、まず両手を並べ、左から4番目の指（左の薬指）を折る。

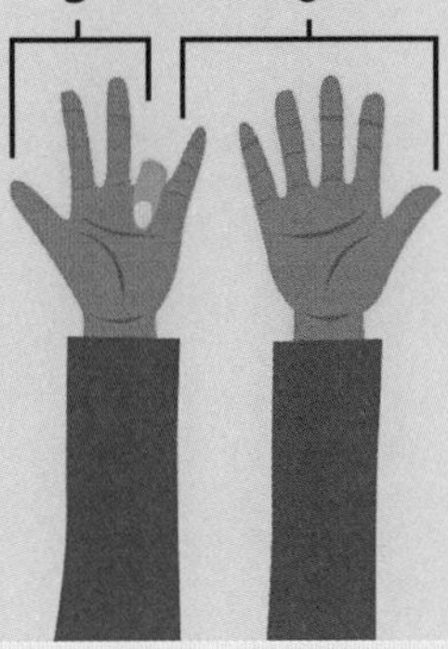
3
6

答えは、折った指の左側の指の数を10の位、右側の指の数を1の位とする数、つまり36だ。

いつも同じ答え

1. 桁が小さくなるほど、数も小さくなる3桁の数を選ぶ。

831

2. 数字の並びを逆さまにする。

138

3. 逆さまにした数を、元の数から引く。

831 - 138 = 693

4. 数字の並びを逆さまにする。

396

5. 手順3と4で出た答えを足す。

693 + 396 = 1089

どんな数を選んでも、最後の答えは必ず1089になる。試してみて！

乱数

乱数は、パターンや順序などの規則性がない数列だ。そのため、次に出てくる数字がわからない。

一方、人間の脳は、完全に不規則な働き方はしないものだ。たとえば、1から10の間で好きな数字を選ぶよう求められた場合、ほとんどの人は1や10じゃなく3や7を選ぶ。これは、数学者の間ではよく知られている話だ。

たとえコンピュータを使っても、そのプログラムは人間が書いているので、完全な乱数を作ることは不可能とされている。

数学の勉強を続けていくと、
無理数、虚数《きょすう》、超越数《ちょうえつすう》など、
まだまだ面白い数が
たくさん出てくるよ。
数のふしぎ

第３章
図形と測量

数学が扱《あつか》うのは数だけだと思いがちだけど、図形も忘れちゃいけない。図形についての研究は幾何学《きかがく》とよばれ、過去何千年もの間、数学者を夢中にさせてきた。幾何学（geometry）という言葉は古代ギリシャ語に由来し、元々は「土地の測量」という意味だった。これは、古代ギリシャの数学者が幾何学を学んだ理由そのものだ。

でも、幾何学が役だつのは土地の測量だけじゃない。きれいな模様を描《えが》いたり、立派な建物を設計したり、星の位置を記録したり、宇宙空間の距離《きょり》を測ったりするときにも幾何学が使われている。幾何学は、すごく複雑な問題を解決してくれるにもかかわらず、シンプルな法則の上に成り立っているんだ。

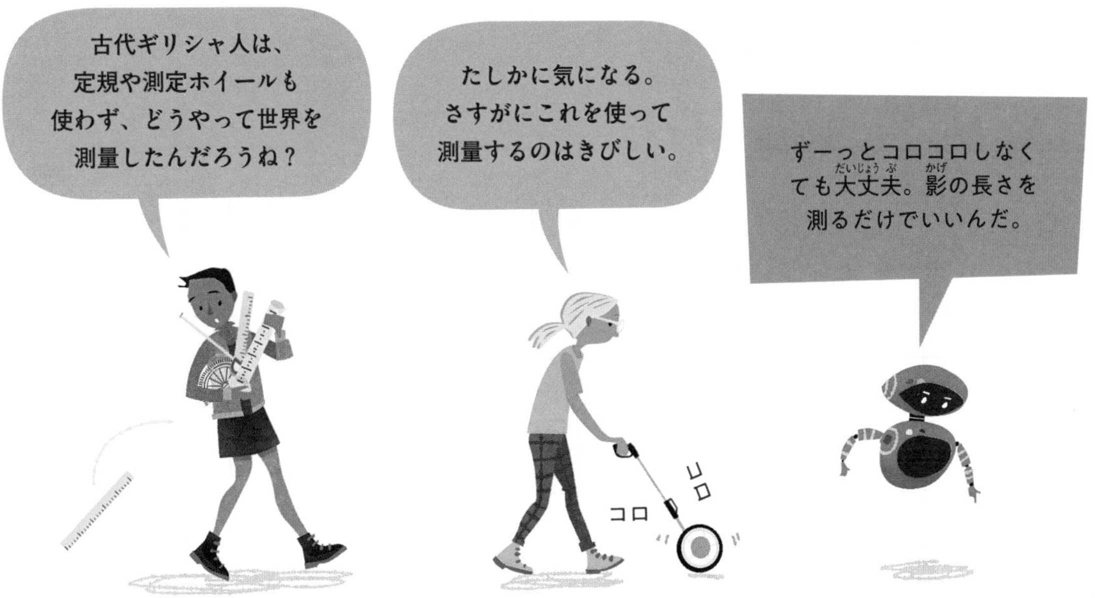
古代ギリシャ人は、定規や測定ホイールも使わず、どうやって世界を測量したんだろうね？
たしかに気になる。さすがにこれを使って測量するのはきびしい。
コロ
コロ
ずーっとコロコロしなくても大丈夫《だいじょうぶ》。影《かげ》の長さを測るだけでいいんだ。

形の基本

数式が数字と記号からできているのと同じように、幾何学《きかがく》にもいくつかの基本となる考え方がある。

点は空間の1点にすぎず、長さも幅《はば》ももたない。

直線は、2つの点を最短距離《きょり》で結ぶ線。

線を組みあわせると、平らな形、つまり**2次元**の形ができる。

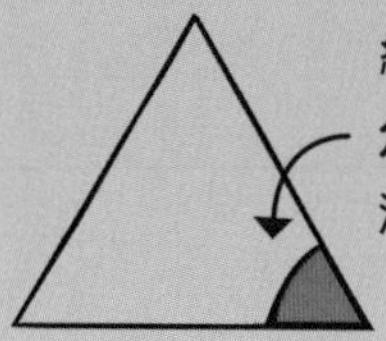

線が交わるところに**角**ができる。角度を測るのはこの部分。

2次元の形を組みあわせると立体、つまり**3次元**の形ができる。

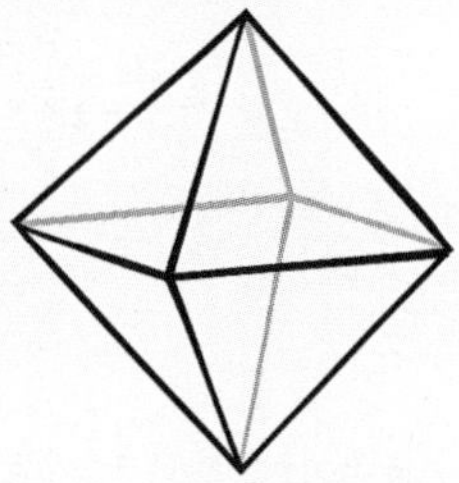

円の中心から端《はし》までの間の距離を**半径**といい、どの部分も同じ長さだ。

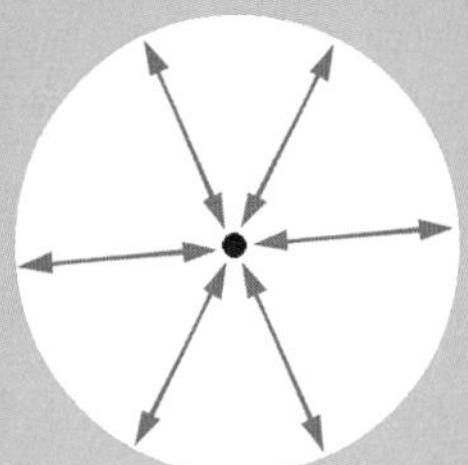

赤い線が**平行**なら、この2つの角度はまったく同じになる。

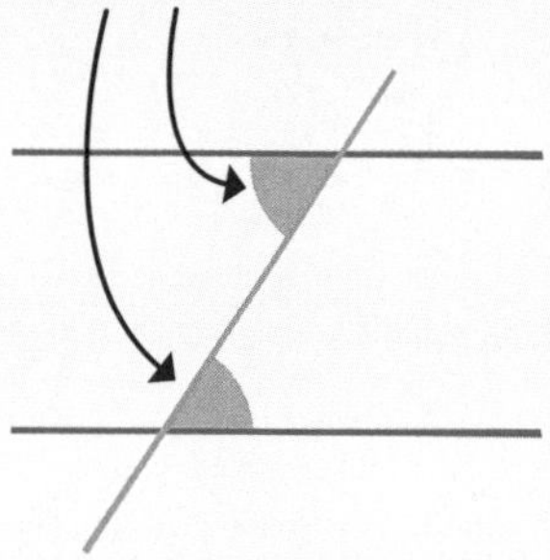

こうした幾何学的な量は、次のような道具で簡単に測ることができる。

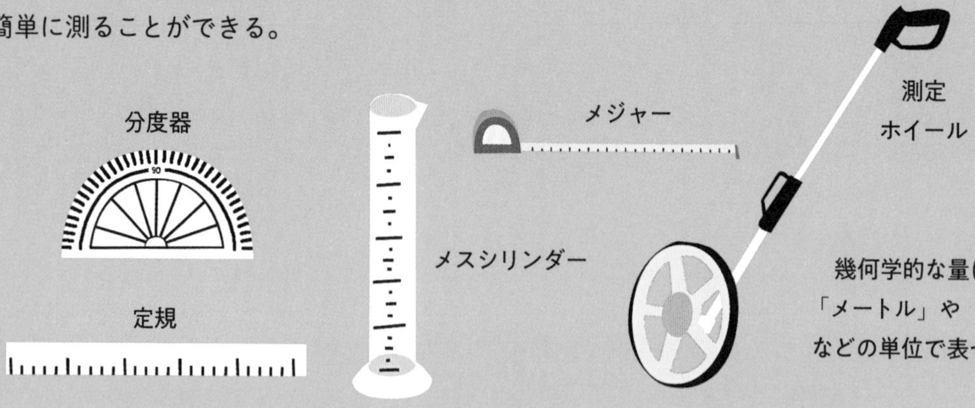
分度器
90
定規
メスシリンダー
メジャー
測定ホイール

幾何学的な量は、「メートル」や「度」などの単位で表せる。

このように、幾何学の考え方はわりとシンプルだ。でも数学者は、そんな幾何学を使って、すごく複雑な問題を解いている。

地球の大きさを測る

2000年以上前、ギリシャのエラトステネスという数学者は、びっくりするほど正確に地球1周の距離を計算した。それはこんな方法だ。

彼《かれ》はシエネという街で、正午には建物に影《かげ》ができないことに気がついた。

アレクサンドリア
シエネ

ところが同じ時刻、約800kmはなれたアレクサンドリアでは、建物に影ができていた。

彼はまずアレクサンドリアで、地面に垂直に立てた棒の先端《せんたん》とその影の先端が作る角度を測った。次に、平行線の法則に基《もと》づいて、2都市間の距離が作る角度を求めた。

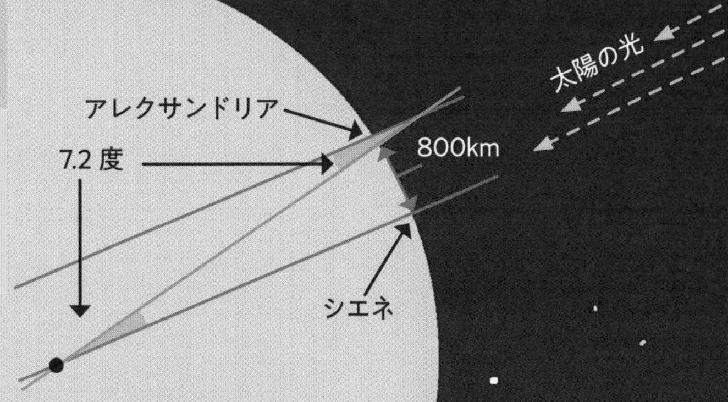
太陽の光
アレクサンドリア
800km
7.2度
シエネ

7.2度は円周360度のちょうど1/50にあたる。このことからエラトステネスは、地球1周の距離が、アレクサンドリア—シエネ間の距離(800km)の50倍、つまり40,000kmであると考えたんだ。これは現代の測定値である40,075kmにかなり近い数値だ。

形で考える

幾何学を道具として使うのは数学者だけじゃない。建築家、建設会社、芸術家などの仕事にも、幾何学が使われているんだ。

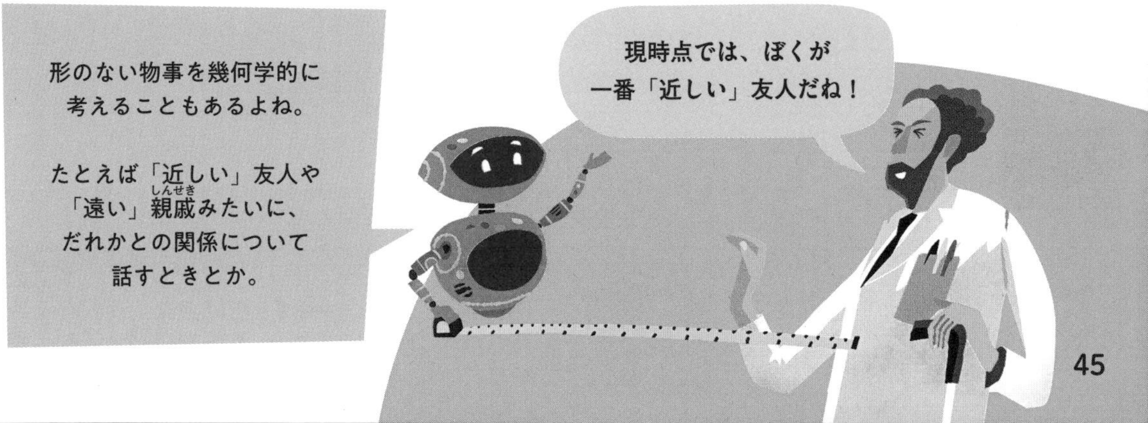
形のない物事を幾何学的に考えることもあるよね。
たとえば「近しい」友人や「遠い」親戚《しんせき》みたいに、だれかとの関係について話すときとか。
現時点では、ぼくが一番「近しい」友人だね！

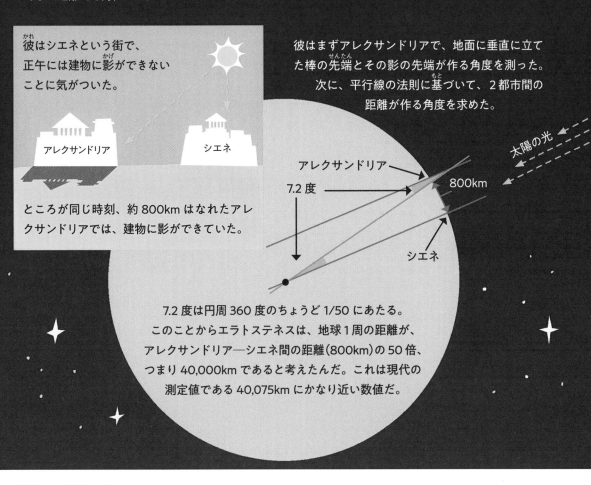

驚《おどろ》くべき円周率

円には角やまっすぐな辺はないけれど、ほかの図形とはちがったユニークなところがたくさんある。数学者たちは円を研究する中で、この世でもっとも便利な数の一つ、**π**《パイ》（**円周率**）を発見した。

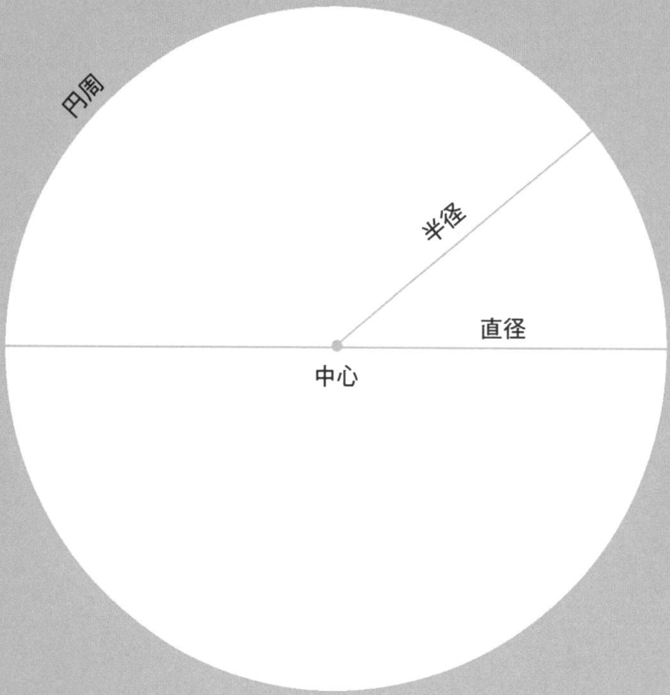
円周
半径
直径
中心

円周の長さを直径で割ると、
円の大きさに関係なく、
いつも必ず同じ数になるの。

3.14159265358979323846264338327950288419716939937510
58209749445923078164062862089986280348253421170679...

ここにあげたのは、小数点以下 100 桁《けた》まで。実際の円周率は無限で、永遠に数字が続くため、すべての桁を書きつくすことは不可能だ。また、円周率はキリのよい分数として書くこともできない。そのため数学者は、数字のかわりにギリシャ文字**π**を使って、円周率を表すことにした。

円周率のように無限に続き、
分数でも表せない数を、
無理数とよぶんだよ。

円の半径さえわかれば、円周率 π を使って、円の面積や円周を求めることができる。

パイが残り１切れでも、その半径さえわかれば、全体の円周がわかるんだ。
うん。１切れのピザからピザ全体の面積を出すこともできるよ。

πの使い道は円の計算だけじゃない。宇宙計画や惑星《わくせい》の動きを計算するのにも使われる。

数学者の中には、πの魅力《みりょく》を伝えるために、記念日である3月14日（3.14）や7月22日（ヨーロッパでは22/7と書き、円周率を表す分数になる）にパーティーを開く人もいる。パーティーでは、お祝いにパイを食べたり、円周率を暗唱する長さを競うコンテストが行われたりする。

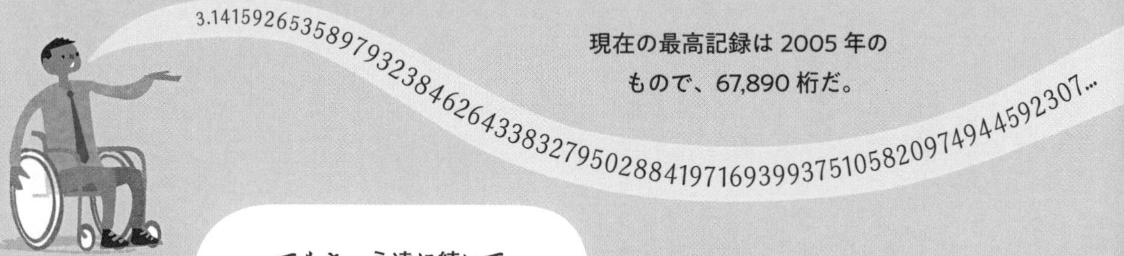
3.141592653589793238462643383279502884197169399375105820974944592307...

現在の最高記録は2005年のもので、67,890桁だ。

π
でもさ、永遠に続いて書きとめることもできないπを、どうやって使うのかな？
さあ？ とりあえずパイ、食べよ。
大半の問題は、πのおおよその値《あたい》3.14を使えば、十分正確に解けるよ。

図形の変換《へんかん》

図形を動かすことを、数学者たちは変換《へんかん》とよぶ。図形の中には、ぐるぐる回したり、ひっくり返したりしても、まったく動いていないように見えるものもある。こうした図形を、**対称《たいしょう》図形**とよぶんだ。

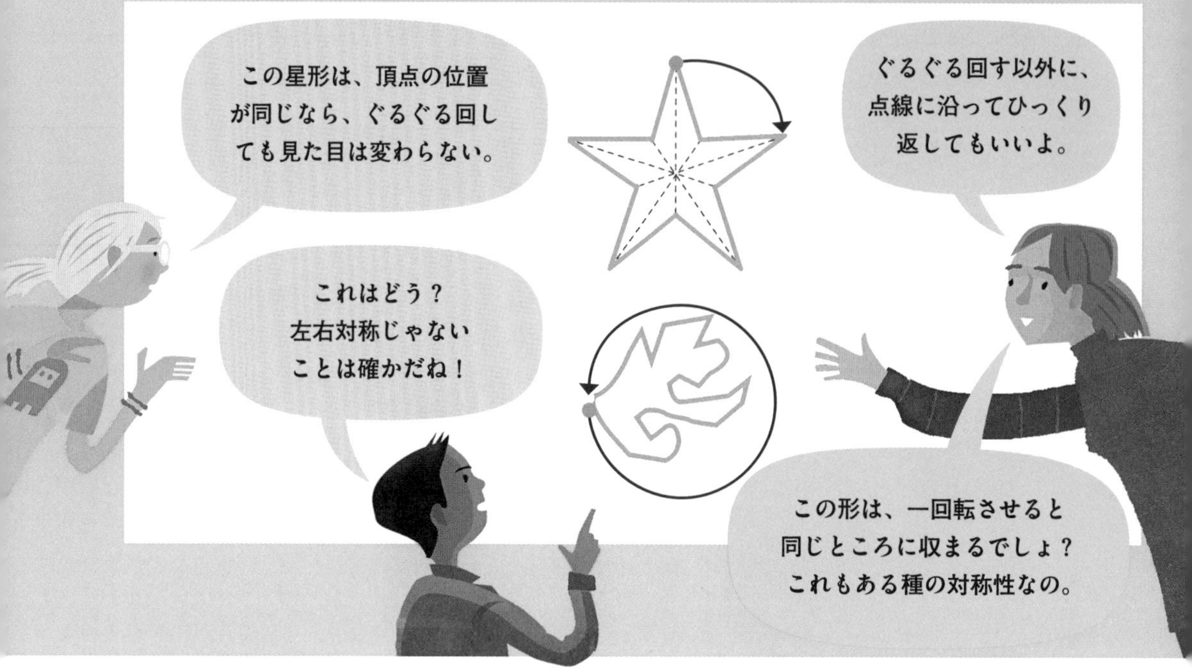
この星形は、頂点の位置が同じなら、ぐるぐる回しても見た目は変わらない。
ぐるぐる回す以外に、点線に沿ってひっくり返してもいいよ。
これはどう？左右対称じゃないことは確かだね！
この形は、一回転させると同じところに収まるでしょ？これもある種の対称性なの。

対称性が登場するのは、こうした図形だけじゃない。科学や建築、さらには音楽にもよく使われている。

作曲家が作曲をするときに、よく使われる。
ラ ラ ラ …
動物や分子、ウィルスの対称性について研究している科学者もいる。
建築家は、安定感のある建物を設計するときは、対称性を利用し…
…思いきったデザインのときはさける。

フラクタル

対称性は点や線を中心とするものだけに限らない。**フラクタル**とよばれる形は、どれだけ拡大しても同じような形が現れてくる。これもある種の対称性だ。

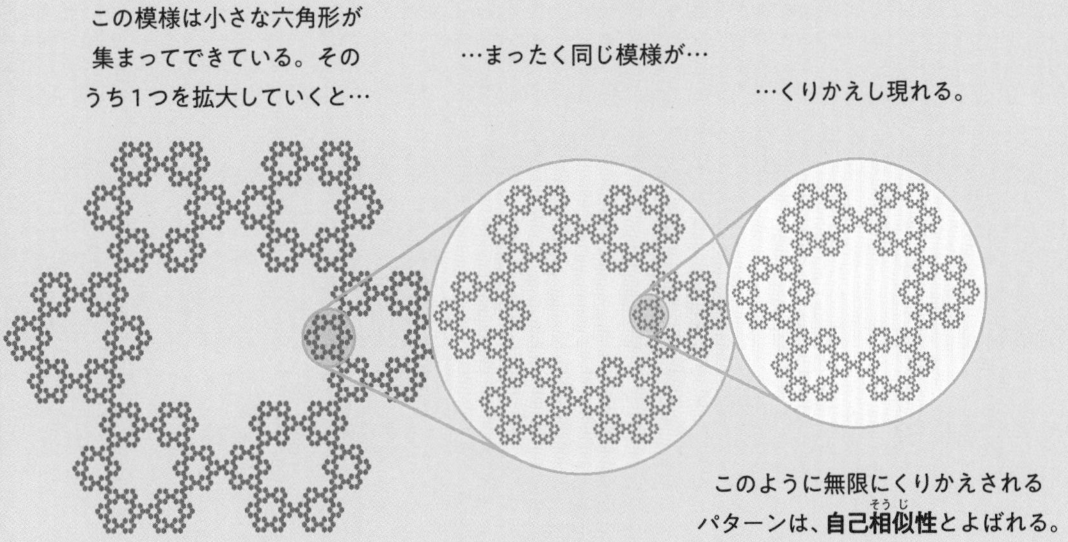
この模様は小さな六角形が集まってできている。そのうち1つを拡大していくと…
…まったく同じ模様が…
…くりかえし現れる。
このように無限にくりかえされるパターンは、**自己相似《そうじ》性**とよばれる。

フラクタルがすごいのは、その構造だけじゃない。現実の世界でもすごく役だっているんだ。たとえば、海岸線などの複雑な形が正確に測れないのはなぜなのか、フラクタルで説明するとよくわかる。

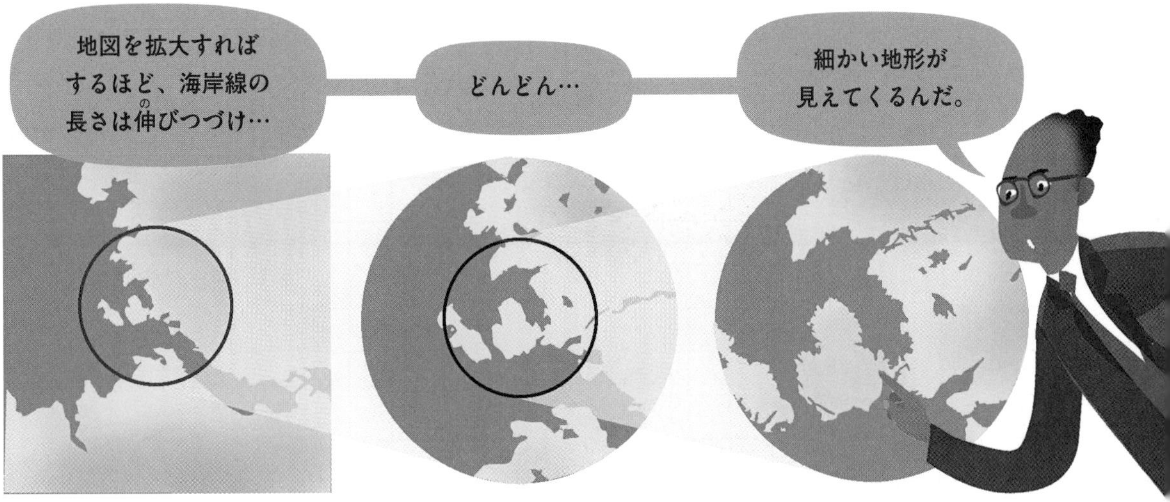
地図を拡大すればするほど、海岸線の長さは伸《の》びつづけ…
どんどん…
細かい地形が見えてくるんだ。

フラクタルには、ほかにもいろいろな使い道がある。たとえば、携帯電話《けいたいでんわ》の内部にある小さなアンテナは、フラクタルの構造になっている。そのため、相当に長くても、すごく小さなスペースに収めることができるんだ。

マグカップとドーナツは同じ？

幾何学《きかがく》では、三角形の角について論じたり、円、立方体、ピラミッドなどの寸法を測ったりすることが多い。ところが、ある分野の数学者に言わせると、これらの形はすべて同じものらしいんだ。

トポロジー（位相幾何学）とよばれる数学の分野では、図形の寸法や形について細かく考えるのではなく、その本質的な特性に注目する。

どういうことかというと、トポロジーでは、切ったり貼《は》ったり、穴を開けたりせず、押《お》しつぶしたり曲げたりするだけで同じ形に変形できるもの同士は、基本的に同じ形と考えるんだ。

マグカップは…
…基本的には
ドーナツと同じ形よ。
じゃあ帽子《ぼうし》は
靴下《くつした》と同じ？
そのとおり！
ボールや本とも同じだね。
でも、どれも穴がないので、
ドーナツにはなりえない。

表も裏もない形

図形の中には、ちょっとややこしいものもある。下の形は、発見者の名にちなみ、**メビウスの帯**とよばれている。

帯の表面とふちを、それぞれ指でなぞりながら、ぐるりとたどってみよう。

どちらの場合も、スタート地点にもどってくるには、帯を2周する必要がある。

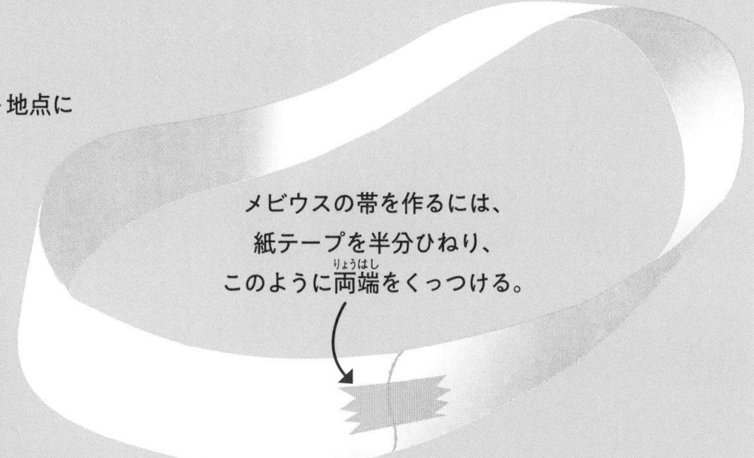
メビウスの帯を作るには、
紙テープを半分ひねり、
このように両端《りょうはし》をくっつける。

なぜならメビウスの帯は、ふつう2つずつある面とふちが、1つずつしかないからだ。

メビウスの帯には、面もふちも1つしかないので、表も裏もない。トポロジーの専門家はこのような形を、**向き付け不可能**な形とよぶ。

こうした表も裏もない性質を生かし、メビウスの帯はベルトコンベアなどに使われている。ベルトの裏表両方に物を乗せられるから、長もちするんだ。

不思議な形だよね。
同じく表裏の区別がない形に、**クラインの壺《つぼ》**がある。

クラインの壺は、数学的に正しく描《か》きあらわすのが難しい。でも、強引《ごういん》に描くとこんな形だ。

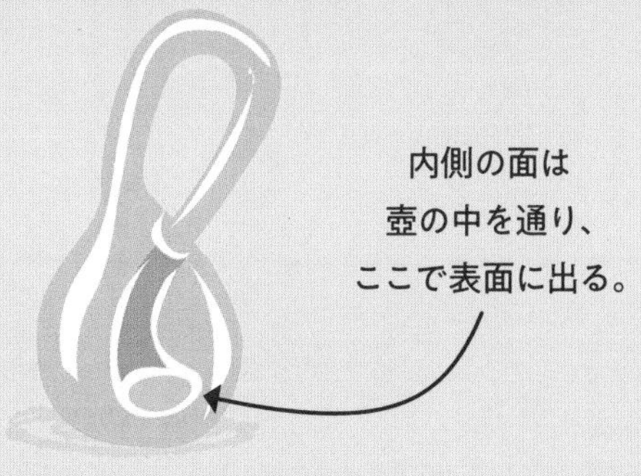
内側の面は
壺の中を通り、
ここで表面に出る。

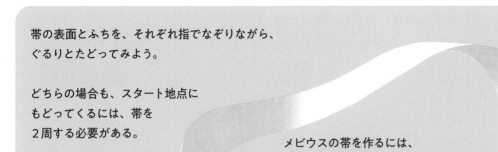

目的地までの最短ルート

スタート地点から目的地までの最短ルートを調べたいなら、直線を引けば早いように思える。ところが幾何学《きかがく》のルールにそって考えるとそうはいかない。

せっかく出かけたけど、ムゲン・ホテルではあんまり休めなかったね…
確かに！ 数学から少しはなれようよ。

待って。なぜあんなに長い距離《きょり》を飛ぶわけ？
まっすぐ飛んだら、もっと早く着いたはずなのに！

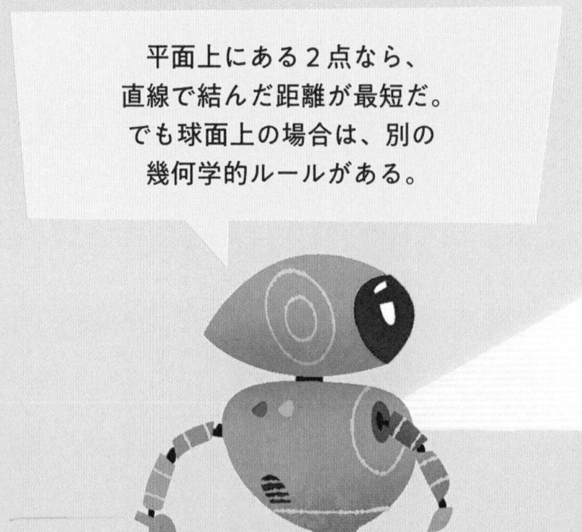
平面上にある２点なら、直線で結んだ距離が最短だ。でも球面上の場合は、別の幾何学的ルールがある。

地球上の２地点をむすぶ最短ルートは、２地点を通る**大円**上にある。

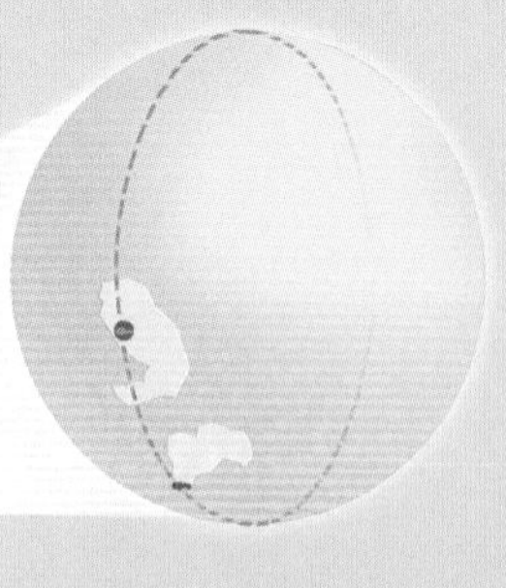

大円とは、球体をその中心を通る平面で切ったときに現れる円のことだ。

球面上で幾何学をすると、思いがけない結果が出ることがわかった。

なぞなぞです！ 辺の長さがすべて同じで、
角がすべて直角な図形の辺の数はいくつ？
正方形だから
4つね。簡単！
おっと！ この図形が球面上
にあることを言い忘れてた。
それでも4つだと思う？
うーん…
数学から
はなれるんじゃ
なかったの～？
見てよこれ。辺の長さが全部
同じなのに、角がすべて直角だ…
正方形三角形
…なーんてね！

変わった形はさておき、この手の幾何学は、脳の構造や惑星《わくせい》の動き、さらには宇宙のしくみなどを研究するのに役だっている。

宇宙はどんな形？

宇宙は大きすぎて、その形を目で確かめることは不可能だ。でも、幾何学《きかがく》とトポロジーを使えば、仮説がたてられるし、検証することもできる。

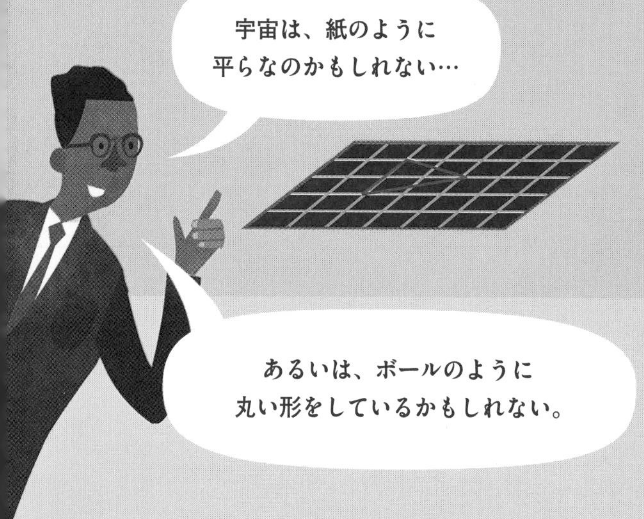
宇宙は、紙のように
平らなのかもしれない…
あるいは、ボールのように
丸い形をしているかもしれない。

その場合、直線を引けばどこまでも長く伸《の》び、平行線は決して交わらず、三角形の内角の和は 180 度になる。

その場合、直線を伸ばしつづけると、空を飛ぶ飛行機のようにぐるりと一周して、出発点にもどる。また、三角形の内角の和は、180 度より大きくなる。

あるいは、鞍《くら》のような形をしている可能性もある。

その場合、三角形の内角の和は、180 度より小さくなる。

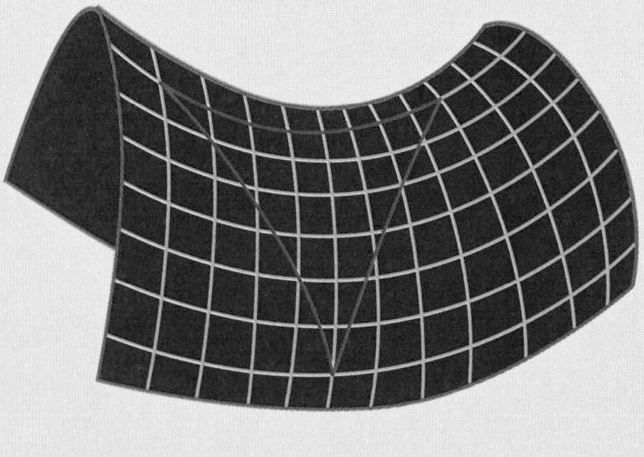

どんな形であれ、宇宙には
空間だけじゃなく、時間も
ふくまれる。だから形を描《えが》く
ことはますます不可能なの。

科学者が宇宙の形を調べる場合は、**宇宙に描いた巨大《きょだい》な三角形**の寸法を測ることが多い。

宇宙のはるか彼方《かなた》からとどく宇宙マイクロ波背景放射は、ビッグバン直後に発生したとされる放射線だ。強力な望遠鏡があれば、この放射線のやってくる量が多い方向（ホットスポット）と少ない方向（コールドスポット）を検出することができる。

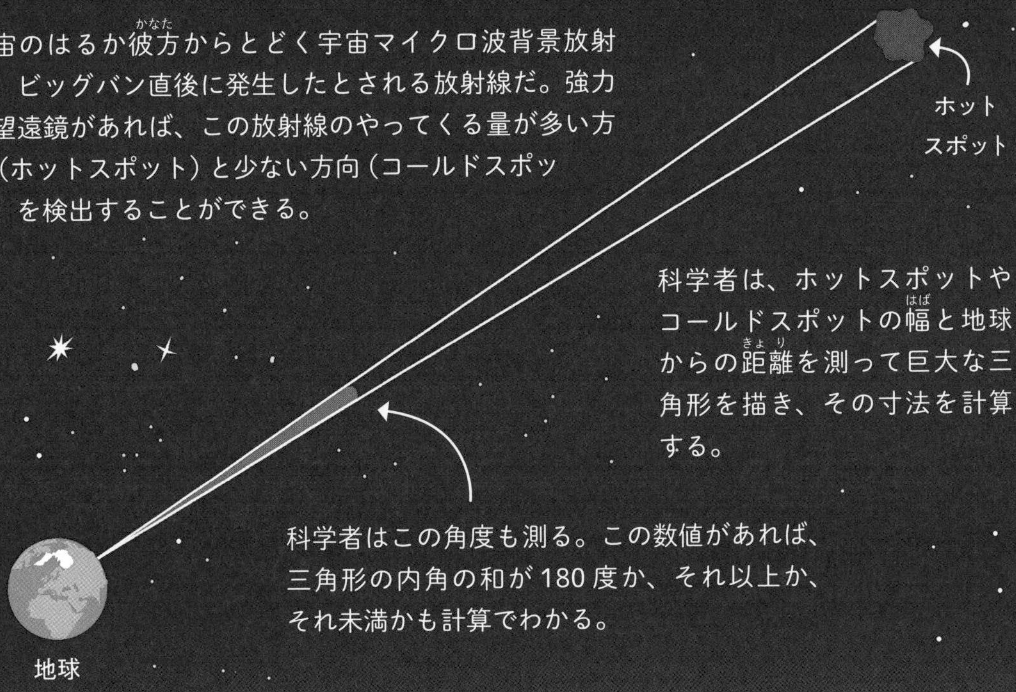

ホットスポット
地球

科学者は、ホットスポットやコールドスポットの幅《はば》と地球からの距離《きょり》を測って巨大な三角形を描き、その寸法を計算する。

科学者はこの角度も測る。この数値があれば、三角形の内角の和が 180 度か、それ以上か、それ未満かも計算でわかる。

これまでの研究結果によると、宇宙は平らか、ほぼ平らであると考えられている。

ただし、宇宙はここに出てきた三角形よりもはるかに大きい。だから本当は丸みをおびていて、検出するのが難しいだけかもしれない。

地面に描いた三角形の角度を測っても、地球の丸さがわからないのと似たようなものね。
使う道具がもっと正確になればわかるかも。

第4章
数学の見せ方

時には数学の問題を前に、頭がこんがらがることがあるかもしれない。そうした場合には、**表**、**グラフ**、**図**などのビジュアルを使ってみよう。なにがおきているのかがひと目でわかり、状況《じょうきょう》をとらえやすくなる。そして、想像もできないほどスケールの大きな問題も考えやすくなるんだ。

数学的な図式は、意外と身近でも使われている。たとえば、バスや電車の路線図、地図などを使って旅行の計画を立てることは、まさに数学のパズルを解くようなものなんだ。

ロボタンはどこ？
ここで待ちあわせた
はずだけどな…
遅刻《ちこく》なんてらしくないな…
GPSでも見つからないよ。

想像してみよう！

ややこしい数学の問題も、図や絵で整理するとわかりやすくなる。問題を目で見てわかるようにすることで、解決策が見えてくるんだ。

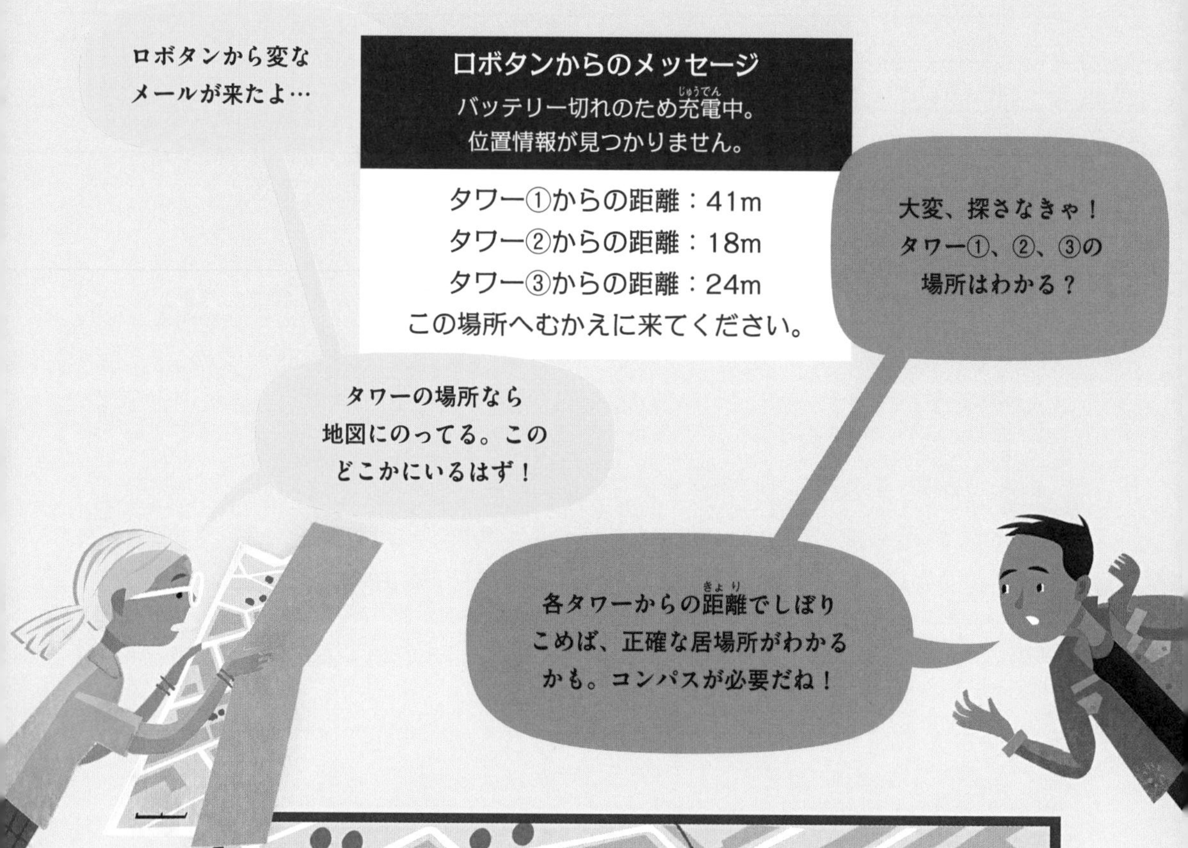

ロボタンから変なメールが来たよ…
ロボタンからのメッセージ
バッテリー切れのため充電《じゅうでん》中。
位置情報が見つかりません。
タワー①からの距離：41m
タワー②からの距離：18m
タワー③からの距離：24m
この場所へむかえに来てください。
大変、探さなきゃ！タワー①、②、③の場所はわかる？
タワーの場所なら地図にのってる。このどこかにいるはず！
各タワーからの距離《きょり》でしぼりこめば、正確な居場所がわかるかも。コンパスが必要だね！

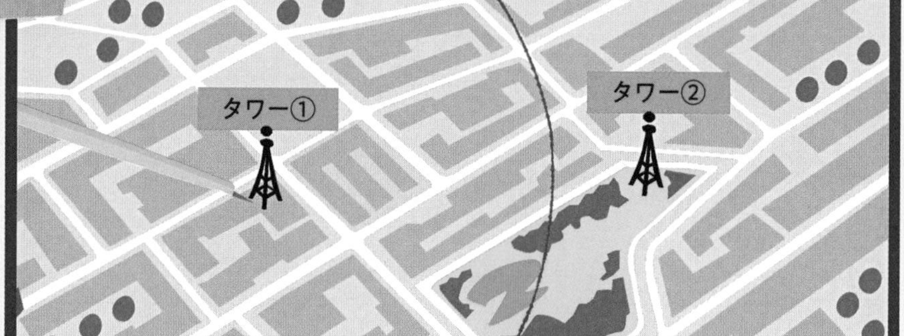

タワー①
タワー②
タワー③
0m 10m 20m 30m 40m

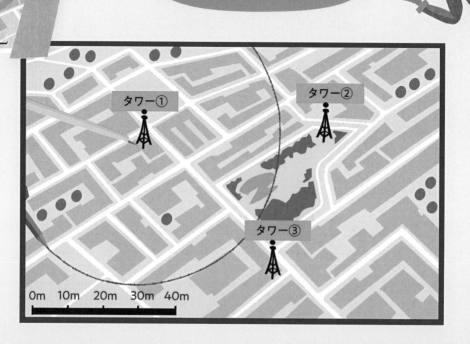

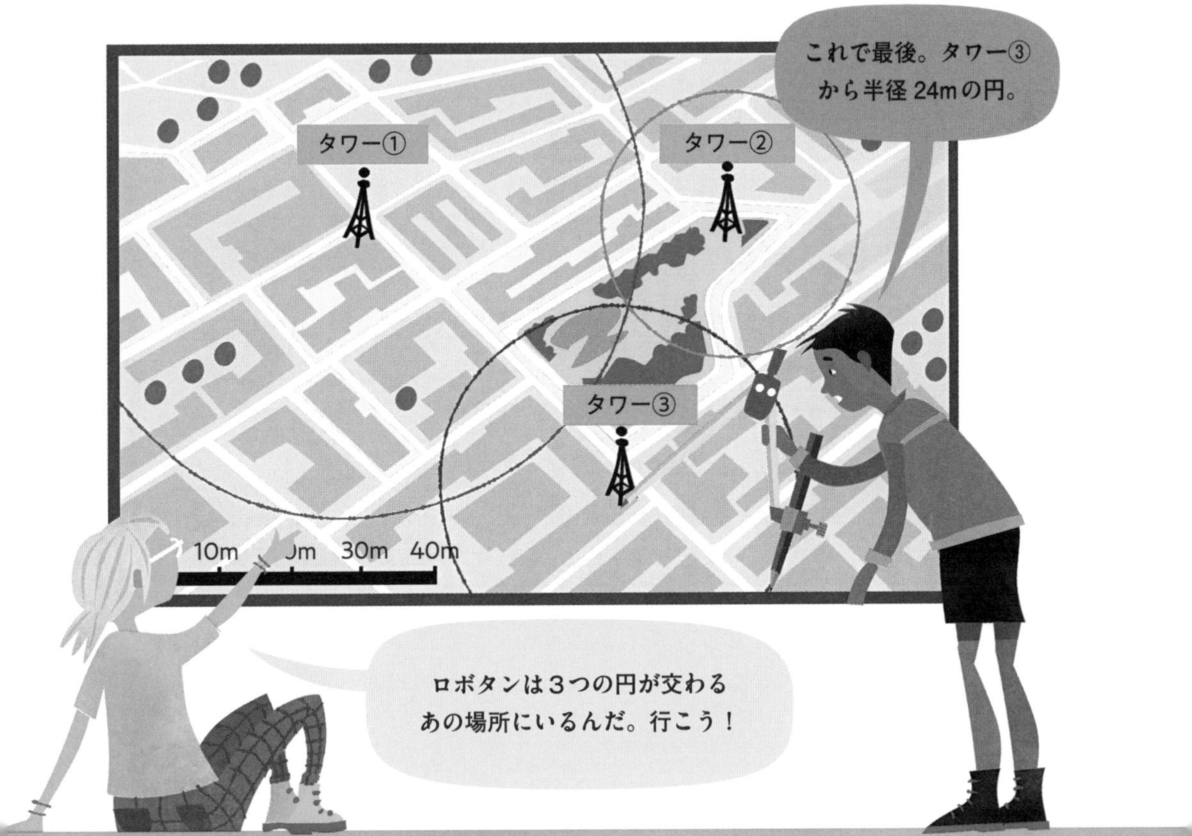
これで最後。タワー③
から半径 24mの円。
タワー①
タワー②
タワー③
10m
30m
40m
ロボタンは３つの円が交わる
あの場所にいるんだ。行こう！

あっ、いた！
大丈夫《だいじょうぶ》かな…？

問題に行きづまったときは、
絵や図に描《か》いて整理してみよう。
問題を別の角度から見ることで、
解決のヒントが得られるかも
しれない。

特に距離などを測る
問題は、絵を描くと
わかりやすくなるよ。

数字をひと目で伝える

グラフや表も、図の一種だ。数学的な情報を、ひと目でわかるように伝えてくれる。
ここでは、よく使われるタイプをいくつか紹介《しょうかい》しよう。

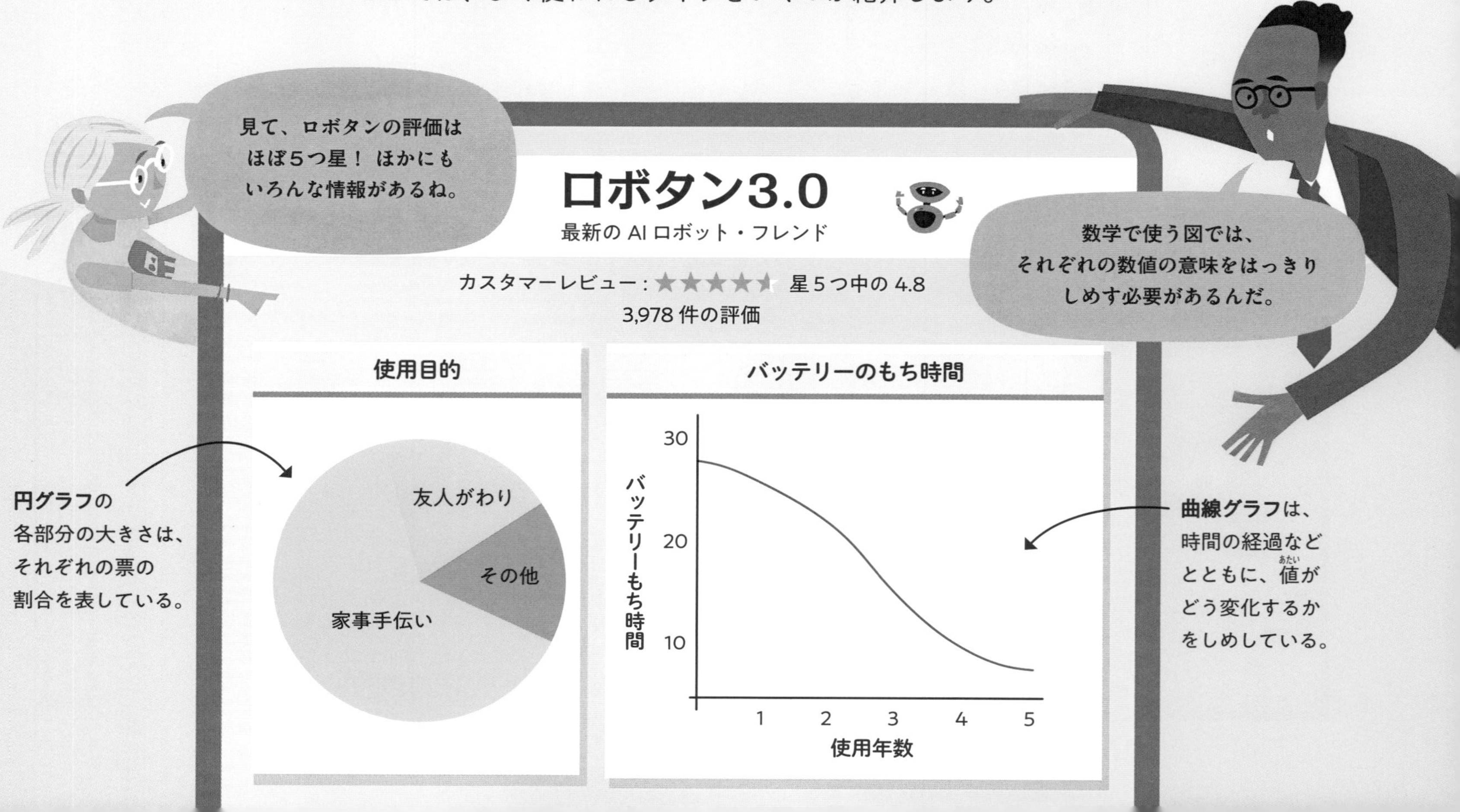

見て、ロボタンの評価はほぼ5つ星！ ほかにもいろんな情報があるね。
ロボタン3.0
最新の AI ロボット・フレンド
カスタマーレビュー：星 5 つ中の 4.8
3,978 件の評価
数学で使う図では、それぞれの数値の意味をはっきりしめす必要があるんだ。
使用目的
友人がわり
その他
家事手伝い
バッテリーのもち時間
バッテリーもち時間
30
20
10
1
2
3
4
5
使用年数
円グラフの各部分の大きさは、それぞれの票の割合を表している。
曲線グラフは、時間の経過などとともに、値《あたい》がどう変化するかをしめしている。

散布図は、使用年数と商品満足度など、２つの値の関係性をしめしたもので、全体の傾向《けいこう》をつかむことができる。

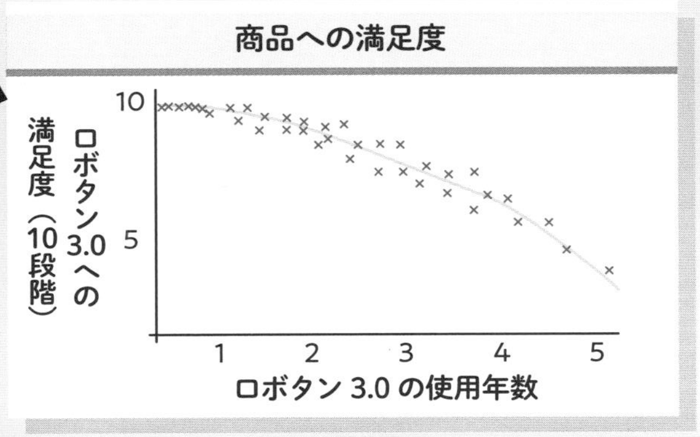
商品への満足度
ロボタン3.0への満足度（10段階）
10
5
1
2
3
4
5
ロボタン 3.0 の使用年数

ロボタンが学校に来てもう３年。バッテリー大丈夫かな？

あっ、バッテリーが満タンになったみたい。

ロボタン、私たちのことわかる？ ルイと私が好きなもの言ってみて。

うん、大丈夫《だいじょうぶ》！
２人の好きなものを、ベン図で見せるよ。

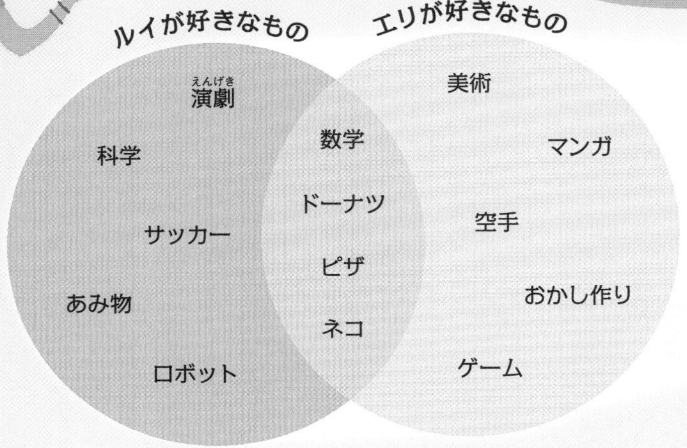
ルイが好きなもの
エリが好きなもの
演劇《えんげき》
科学
サッカー
あみ物
ロボット
数学
ドーナツ
ピザ
ネコ
美術
マンガ
空手
おかし作り
ゲーム

ベン図では、円を使って物事をグループ分けする。数学では、各グループを**集合**とよぶ。

２人とも好きなものは、円が重なっている部分に書く。

ここで紹介したグラフや図は、物事の量や集合をしめすものだ。
でも、グラフの種類はほかにもある。それはつながり方を表すものだ。
くわしくは次のページを見てみよう。

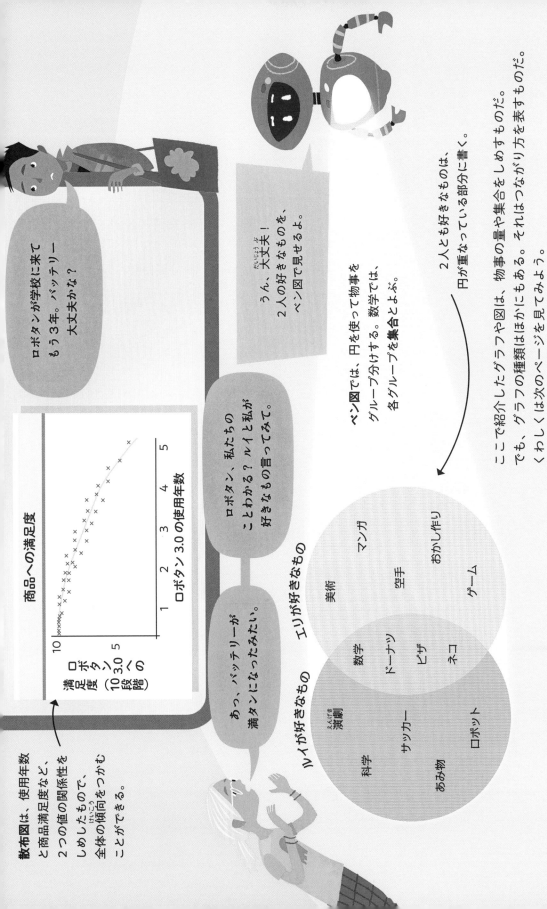

点をつなぐ

街をつなぐ通りや橋から、脳内の神経経路まで、この世には複雑なネットワークがたくさんある。数学を使えばこうしたネットワークのことがよくわかるし、さらにうまく使うことができるんだ。

下の地図は、18 世紀のプロイセンの都市、ケーニヒスベルク（現在のロシア・カリーニングラード）のものだ。街は川によっていくつかのエリアに分けられており、赤い色でしめした 7 つの橋で結ばれている。

問題：同じ橋を 2 度渡《わた》らずに、
すべての橋を渡ることは
できるでしょうか？
無理だと思う！
うーん…
こっちへ行くとこの
橋が渡れないし…

ケーニヒスベルクの人々は、この問題を解かなきゃ困るわけではなかったけど、パズルのように楽しんでいた。そして最終的には、スイス人の数学者が次のような図を使って解いたんだ。

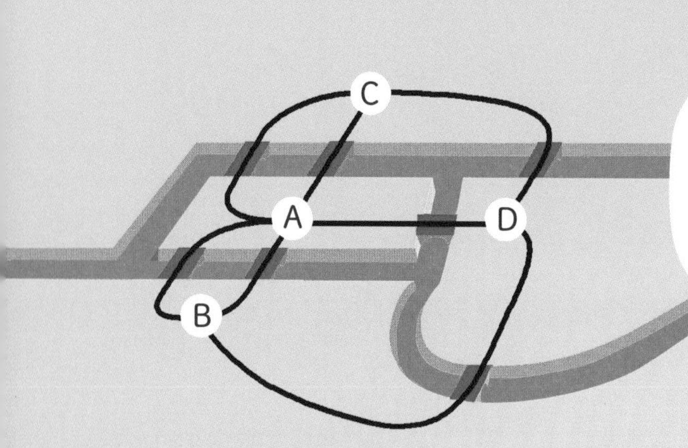
C
A
D
B

数学者のレオンハルト・オイラーは、
各エリアに文字を割りふって、地図
をシンプルにしたの。そして各エリア
は点、橋は点を結ぶ線で表した。

この図も一種のグラフだ。

オイラーは、A、B、C、Dの各エリアに通じる橋の数が、すべて奇数《きすう》であることに気がついた。彼《かれ》はこうした発見によって、この問題を解くルートがないことを証明したんだ。

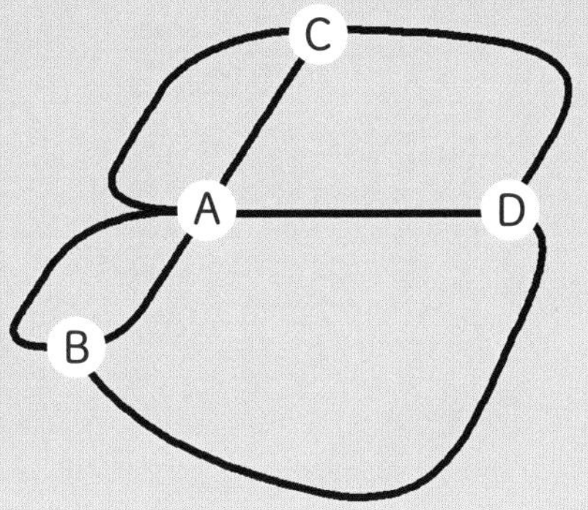
C
A
D
B

奇数個の橋をもつエリアが2つだけ、つまりスタート地点とゴール地点だけなら、この問題は解けるの。そのほかのエリアは、入ってきた橋とは別の橋で出ていけるように、橋の数が偶数《ぐうすう》個でなきゃいけない。

この論理は、街の形や橋の数が変わっても応用できる。オイラーの証明は、**グラフ理論**または**ネットワーク理論**とよばれるまったく新しい数学の分野の始まりでもあったんだ。

ネットワークは生活の至るところにある。つまり、グラフ理論は、友人関係から交通網《こうつうもう》、脳内神経まで、さまざまなことを理解するのに役だつんだ。また、グラフ理論はコンピュータが「考える」ときにも重要な役割をはたす。とりわけ役だつのは、次のような情報を調べるときだ。

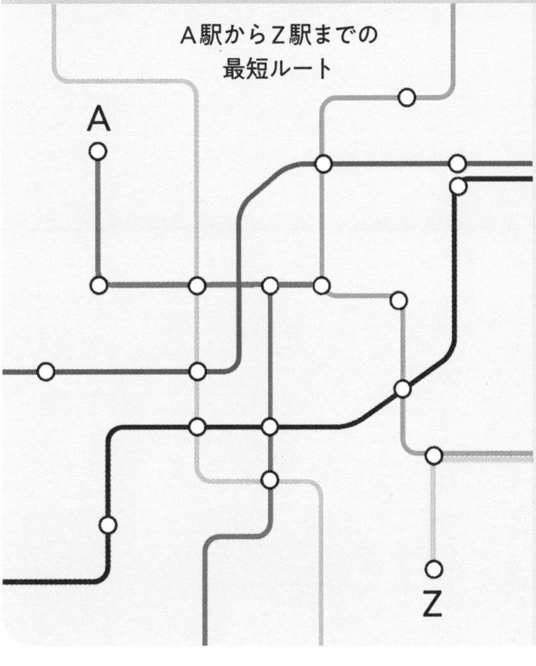
A駅からZ駅までの
最短ルート
A
Z

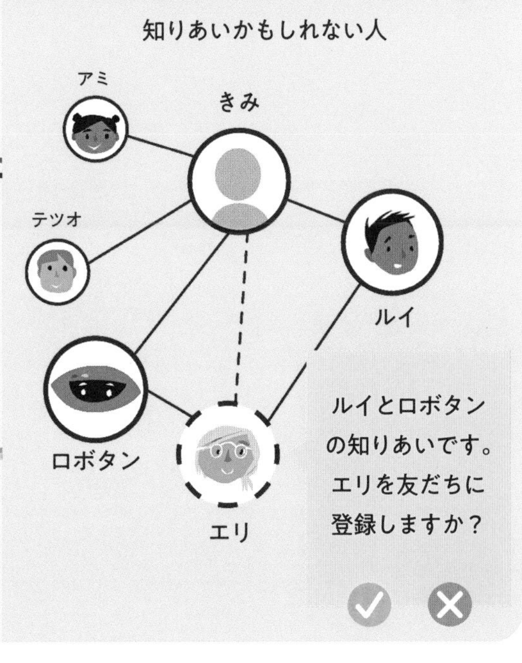
知りあいかもしれない人
アミ
きみ
テツオ
ルイ
ロボタン
エリ
ルイとロボタンの知りあいです。エリを友だちに登録しますか？

2次元上の3次元？

私たちが住んでいるのは、**3次元（つまり3-D）**の世界だ。
でも、実際にはちがって見えることもある。

これは3次元の物体を表した図だ。高さと幅《はば》、そして奥行《おくゆ》きがあるように見えるよね。

でも、図が描《えが》かれているのは2次元の紙の上なので、実際には2次元だ。

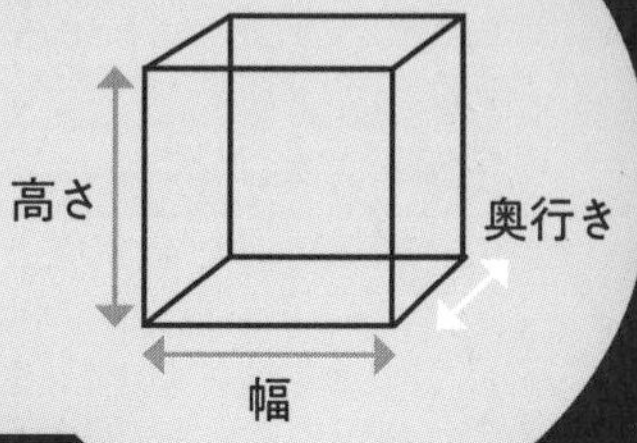

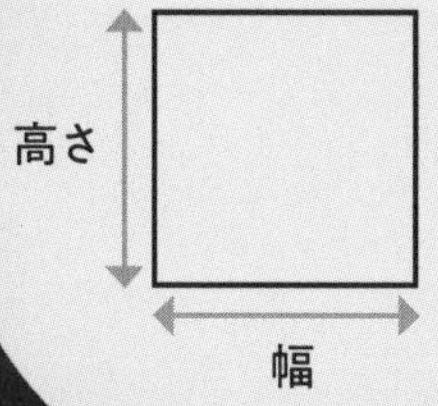

この形は**2次元**だ。
高さと幅があるけど、奥行きがない。

でも、どんなにうすい素材にもわずかな厚みがあるので、実際には3次元だ。それでも紙などは2次元の物体とされている。

1次元の空間は、
線で表すことができる。

でも、どんなに細い線にも高さがあるので、実際には2次元だ。

0次元の空間を表すときは、
ただ点を描くだけでいい。

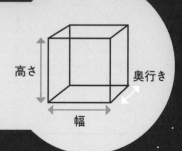

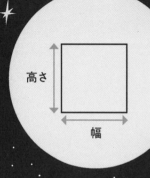

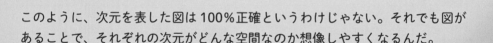

でも、どんなに小さな点にも高さと幅があるので、実際には2次元だ。

このように、次元を表した図は100%正確というわけじゃない。それでも図があることで、それぞれの次元がどんな空間なのか想像しやすくなるんだ。

私たちが日常で目にするものの多くは、どれだけ奥行きがあるように見えても、実際には2次元だ。

昔のゲーム画面は、
明らかに2次元。

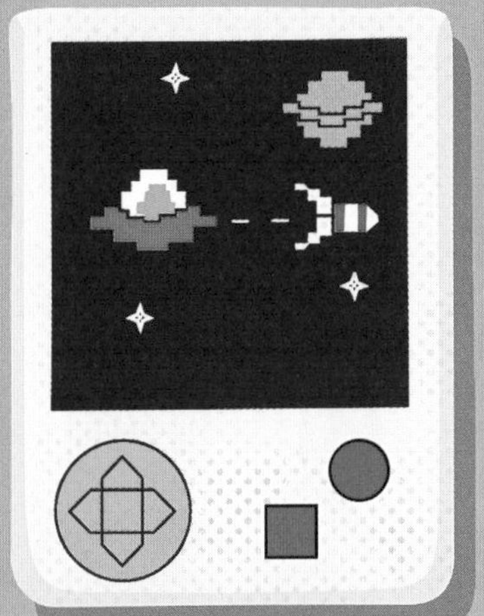

映像には立体感がなく、キャラクターを上下左右にしか動かせなかった。

最近のゲームも画面は平らなので2次元にはちがいないけど、3次元に見える。

キャラクターが大きくなるほど近づいてくるように見えるので、3次元の映像を見ているような感じがするんだ。

何次元だろうと、ゲームの面白《おもしろ》さには変わりないよ！
そんなことないさ。4次元のゲームで遊んだらどんなふうか想像してみて。数学を使ってそういうことを考えるのが楽しいんだよ。
LIVES
LIVES

高次元の世界

私たちが暮らす世界は３次元なので、４次元以上の空間がどんなふうに見えるかを想像するのは難しい。それでも数学者たちは、ひたすら考えつづけている。

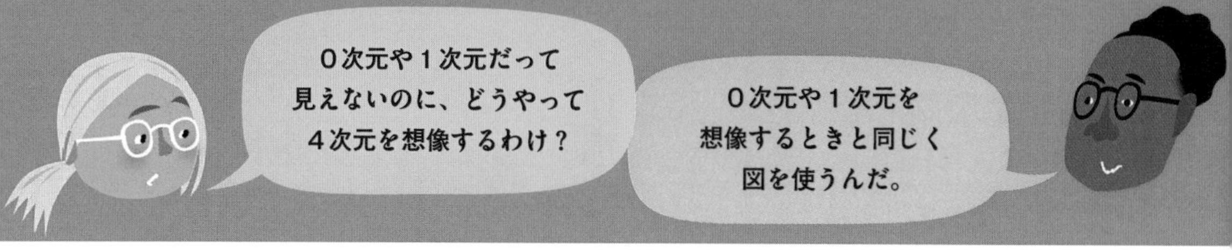
0次元や1次元だって見えないのに、どうやって4次元を想像するわけ？
0次元や1次元を想像するときと同じく図を使うんだ。

この図は**正八胞体《せいはちほうたい》**（テッセラクト）とよばれ、３次元の立方体を２つつなげることで、４次元の形を表現している。

緑、赤、青の線は、各立方体の高さ、幅《はば》、奥行《おくゆ》きをしめしている。むらさき色の線は４つ目の次元を表したものだ。

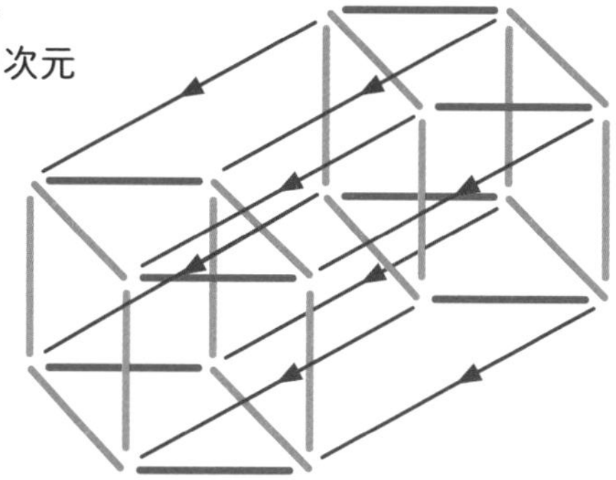

むらさき色の線は、立方体が時間とともに移動することをしめしていると考えるとわかりやすい。

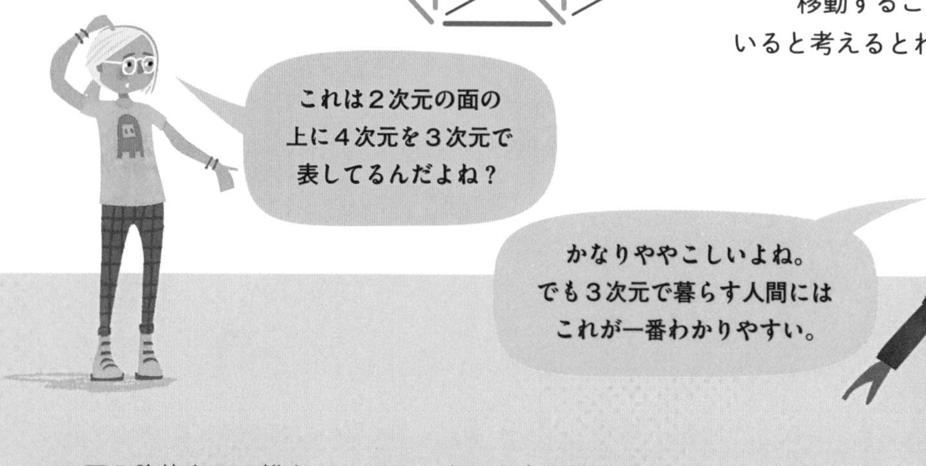
これは2次元の面の上に4次元を3次元で表してるんだよね？
かなりややこしいよね。でも3次元で暮らす人間にはこれが一番わかりやすい。

この正八胞体を２つ描き、５つ目の次元を表す線でつなぐと、５次元の立方体を表すことができる。これをくりかえすと、さらに高い次元の形を表すこともできるんだ。

高次元の空間を理解しようとすると、頭がこんがらがってしまうかもしれない。
でも数学者や科学者にとっては、高次元がすごい発想につながる場合があるんだ。

実際には、４次元の形を見ることも、５次元空間に住むこともできないのに、さらに高い次元について考えるの？
高次元の考え方を使えば、複雑なコンピュータネットワークを作ったり、超重力《ちょうじゅうりょく》理論や弦《げん》理論のような物理学の衝撃的《しょうげきてき》な理論を説明したりできるのよ。
友だちによると、４つ目の次元は時間なんだって。もうなにがなんだか。
物理学者の多くも、４つ目の次元は時間だと考えてる。宇宙は空間だけじゃなく時間の中にも存在するからね。基本的には、高次元への理解が進めば、より多くの理論が説明できるようになるはずよ。
じゃあ、それは数学の理論にもあてはまる？
うん。数学をするときは想像力が大切だよ。次元について考えるときは特にね。

第5章
証明

数学において、**証明**はなくてはならないものだ。証明とは、数学的な命題（**定理**ともよばれる）が正しいことを、論理的にはっきりとしめすことをいう。数学者は、自分の考えが正しいと証明することで、大きな進歩をもたらし、その発見をほかの数学者に伝えることができる。そしてそれが、さらなる数学の基礎になっていくんだ。つまり証明がなければ、数学が発展することはないだろう。

数学には、１＋１＝２のように理解しやすい問題がある一方で、解きづらい問題やびっくりするような問題もある。中にはあまりにも難しくて、解決に多額の賞金がかけられている問題もあるんだ。

自転車なら、
ここにおいといたよ。
うそ！ ルイが
ぬすんだんでしょ！
やめなよ。ぬすんだって、
証明できないでしょ？

証拠《しょうこ》を探せ

数学では、あらゆる手段を使って、命題を証明する。きみも、ふだんの生活の中で、同じような方法を使っているかもしれないね。

１つ目の方法は、**背理法《はいりほう》**とよばれる。命題がまちがっていると仮定した上で、「そうではない」ことを証明する方法だ。まちがっていないことを証明できれば、命題は正しいはずだ、ということになる。

自転車をぬすんだのが私なら、
エリはそれを見たはずだよ。
ここに自転車をとめた後は
ずっと一緒《いっしょ》にいたんだから！
そうか、確かに…。
疑ってごめんね。

この方法は、$\sqrt{2}$（２乗すると２になる数）が分数では書けないことを証明するときにも使われる。分数にしようとすると矛盾《むじゅん》がたくさん出てくるため、それが無理だと証明できるんだ。

２つ目の方法は、一般的《いっぱんてき》に正しいとされる事実から、論理的に結論を導きだすものだ。

ぼくのカメラには、自転車のそばに
工具をもった男が写ってるよ。
この男、さっき見た！
前輪のない自転車を
運んでたよ！
本当?!　それなら
そいつが犯人だ！

数学者は、２つの偶数《ぐうすう》を足すと常に偶数になることを証明するときに、この方法を使う。

この方法は、命題が正しいことを証明するための一番シンプルな方法で、**演繹的推論《えんえきてきすいろん》**とよばれる。

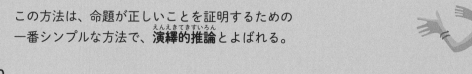

証明は永遠

証明は数学ならではのものだ。一方、歴史などのほかの分野ではさまざまな説が生まれたり消えたりし、同時に存在することもある。

サンカク大王は、
スーガク帝国《ていこく》史上、最も人気のある
王様だったというのがぼくの説だ。
最新の資料を知らないの？
むしろ彼《かれ》は人気がなかった
というのが私の説よ。
…数学では、一度完成した証明は永遠だ。

数学の証明で最も古くから知られたものの１つは、
2500 年以上前の古代ギリシャでうまれた。
直径は、円を２つの
等しい部分に分ける。

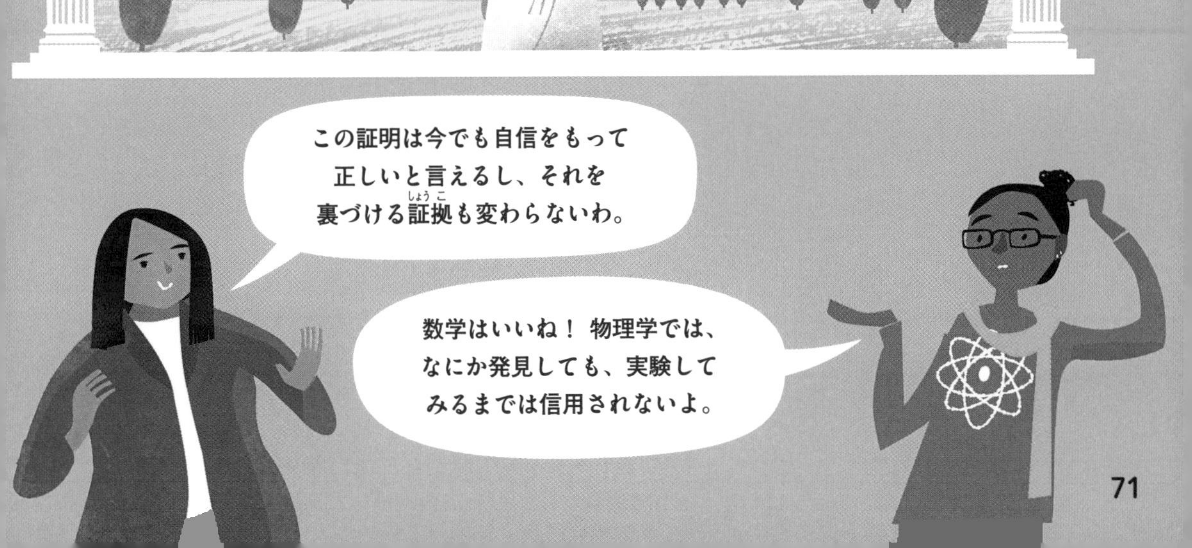
この証明は今でも自信をもって
正しいと言えるし、それを
裏づける証拠《しょうこ》も変わらないわ。
数学はいいね！ 物理学では、
なにか発見しても、実験して
みるまでは信用されないよ。

パイ投げ大会！

数学の証明はとても複雑になることがある。
そんなときに役だつのが、想像力だ。

出場選手
ルイ
エリ
ロボタン
先生
ケン
アンナ
ミナ

さぁ、パイ投げを始めるよ！ みんな、広がって！ 一番近くの人にパイをぶつけよう！
出場選手の数が奇数《きすう》で、それぞれが一番近くの人にパイを投げる限り、少なくとも１人はパイをぶつけられずにすむんだ。このゲームでそれを証明しよう。
グシャッ
確かに、選手がエリと先生と私だけなら、一番近くにいる私たちがパイをぶつけあう。だからエリはだれからもパイを投げられない！

一番近いのはケン！
それーっ！
グシャッ
お返し！
うわ！ ロボタンは、
私にしか投げ返せない！
ぎゃ！ 一気に２発！
グシャッ
ドシャッ
選手が何人だろうと、人数が奇数である限り、パイをぶつけられずにすむ人が最低１人はいるの。今回は私ね。

これはふざけた例のように見えるけど、この証明がもつ発想は、情報工学やグラフ理論のほか、さまざまな意思決定の場面で役だっている。

証明と名声

ピタゴラスの定理など、いくつかの数学の定理は、学校の授業で取りあげられることで広く知られるようになった。一方、証明したり反証したりするのがおそろしく難しいことで知られるようになった定理もある。

その１つが、数学史上、最も難しいといわれていたフェルマーの最終定理だ。

1637 年、数学者のピエール・ド・フェルマーによってしめされたこの定理は、x が 3 以上の場合、次の方程式

$$a^x + b^x = c^x$$

は解くことができない（a、b、c にあてはまる整数はない）というものだった。

彼《かれ》は、この定理を証明したというメモだけを残し、かんじんの証明は書きのこさなかった。

本当に証明できたのかな？

数学の定理は、証明されないとあまり意味がないので、数学者たちはなんとか証明を完成させようとする。ところが、フェルマーの最終定理は 300 年たっても証明されなかった。この定理は一見なんの役にも立ちそうになかったけれど、長い間解決されなかったことで世界中の数学者が夢中になった。そのため数学史上最大の謎《なぞ》になったんだ。

数学の謎、ついに解ける！

1963 年、10 歳《さい》のアンドリュー・ワイルズ少年は、フェルマーの最終定理に出あう。夢中になった彼は、人生をかけてこの問題に取り組むことにしたんだ。

ワイルズは大学に進み、この問題について幅広《はばひろ》く学んだ後、証明に取りかかった。そして 7 年後の 1993 年、証明に成功したと発表した。でも、それを記した 200 ページの論文を数学者たちがチェックする中で、なんとまちがいが見つかったんだ。

まちがった部分を見直すため、ワイルズはふたたび問題にむきあった。そして 1 年後、とうとう証明を完成させたんだ。この成功によって、彼は世界で最も有名な数学者の 1 人になった。

この証明に夢中になるあまり、8 年間ずっと、朝起きてから夜寝《ね》るまで、一日中この定理のことばかり考えてたよ。

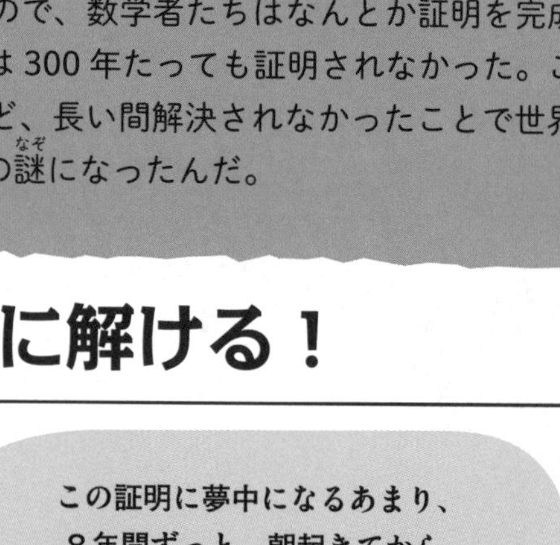

フェルマーの最終定理とワイルズ

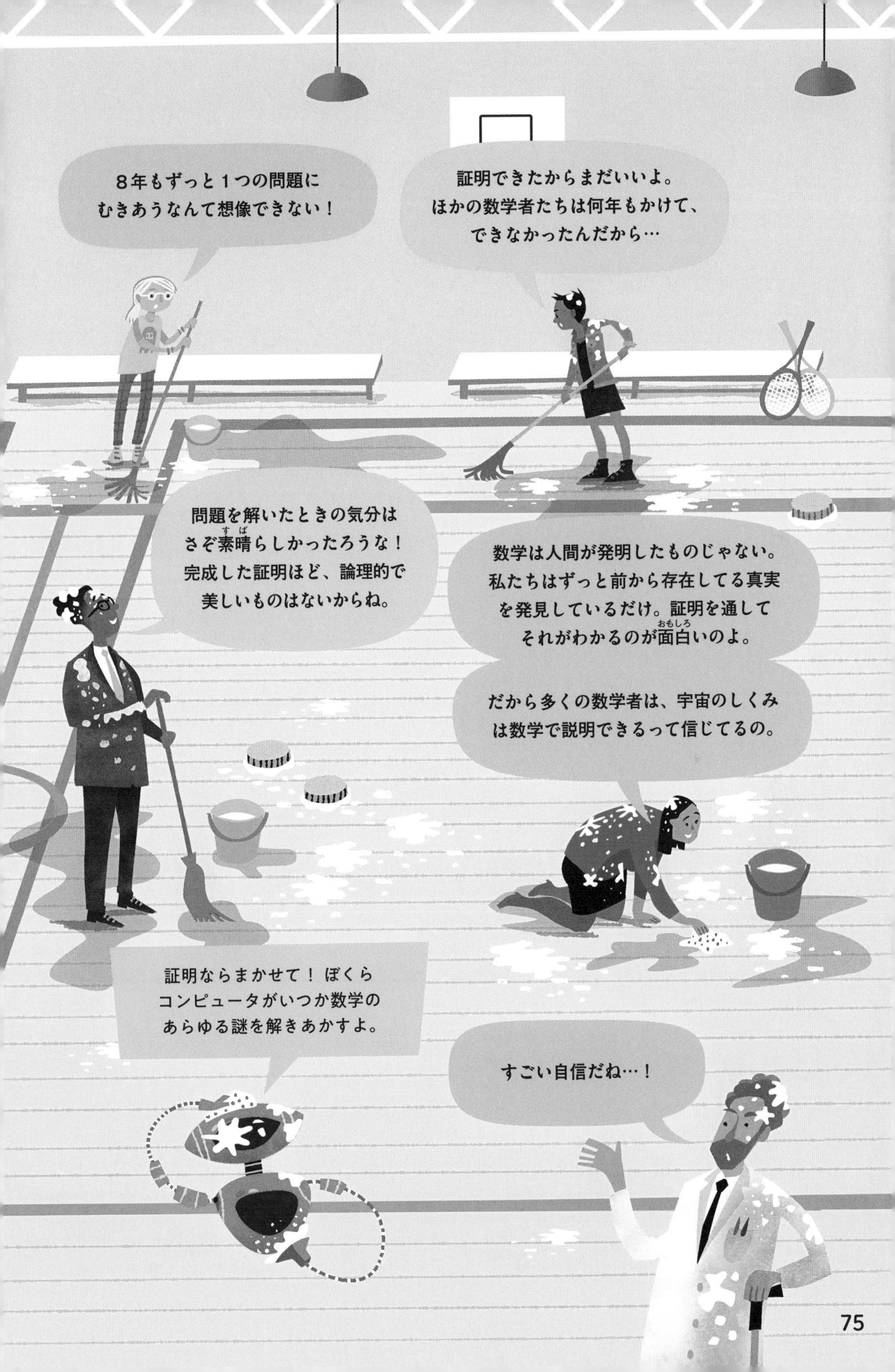
8年もずっと1つの問題に
むきあうなんて想像できない！
証明できたからまだいいよ。
ほかの数学者たちは何年もかけて、
できなかったんだから…
問題を解いたときの気分は
さぞ素晴《すば》らしかったろうな！
完成した証明ほど、論理的で
美しいものはないからね。
数学は人間が発明したものじゃない。
私たちはずっと前から存在してる真実
を発見しているだけ。証明を通して
それがわかるのが面白《おもしろ》いのよ。
だから多くの数学者は、宇宙のしくみ
は数学で説明できるって信じてるの。
証明ならまかせて！ ぼくら
コンピュータがいつか数学の
あらゆる謎を解きあかすよ。
すごい自信だね…！

ミレニアム懸賞《けんしょう》問題

数学者になったとしても、必ずしもお金持ちになれるわけじゃない。
でも、ミレニアム懸賞《けんしょう》問題のどれかを証明すれば、話は別だ。

2000 年、アメリカのクレイ数学研究所（数学の発展をめざす組織）は、数学上の重要な未解決問題として、7 つの問題に懸賞金をかけた。ミレニアム懸賞問題とよばれるこの問題は、まだ 1 つしか証明されていない。

1 問でも証明すれば
100 万ドルもらえるよ。
がんばって！
証明ずみ
ホッジ予想
問題：
シンプルな形を使って、
数学上の複雑な形を組み
たてることはできる？
$\mathrm{Hdg}^k(X)=H^{2k}(X,Q)\cap H^{k,k}(X).$
ポアンカレ予想
問題：4 次元空間における球面は 1 点に縮むことができる？ これは、ミレニアム懸賞問題のうち、これまでに解決された唯一《ゆいいつ》の問題だ。2003 年、数学者のグリゴリー・ペレルマンは、この予想が正しいことを証明した。
リーマン予想
問題：
リーマンのゼータ関数が
ゼロになるのはいつ？

ヤン・ミルズ方程式の
存在と質量ギャップ問題
問題：物理学における場の量子論を
裏づける数学を証明できる？
ナビエ－
ストークス方程式
問題：次の方程式の解は
常に存在する？
$\frac{\partial \mathrm{v}}{\partial t} + (\mathrm{v} \cdot \nabla)\mathrm{v} = -\frac{1}{\rho}\nabla p + \upsilon$
バーチ・
スウィンナートン＝
ダイアー予想
問題：だ円曲線には、
無限個の有理点がある？
$y^2 = x^3 - x$
$y^2 = x^3 - x + 1$
P対NP問題
問題：コンピュータで
すばやく答えあわせできる
問題は、解くときにも
同じくらいすばやく
解けるんだろうか？
NP困難
NP完全
NP
P

つまり、合計600万ドルもの懸賞金が、いまだ手つかずで残されてるんだ。ただし、残された問題は信じられないくらい難しい。証明するためには、どんな天才でもたくさんの時間とエネルギーが必要だろう。

床屋のパラドックス

数学をやる人にとって証明はすばらしい手段だけど、落とし穴もある。数学者は、証明を裏づける論理に、**パラドックス**とよばれる欠かんを発見したんだ。

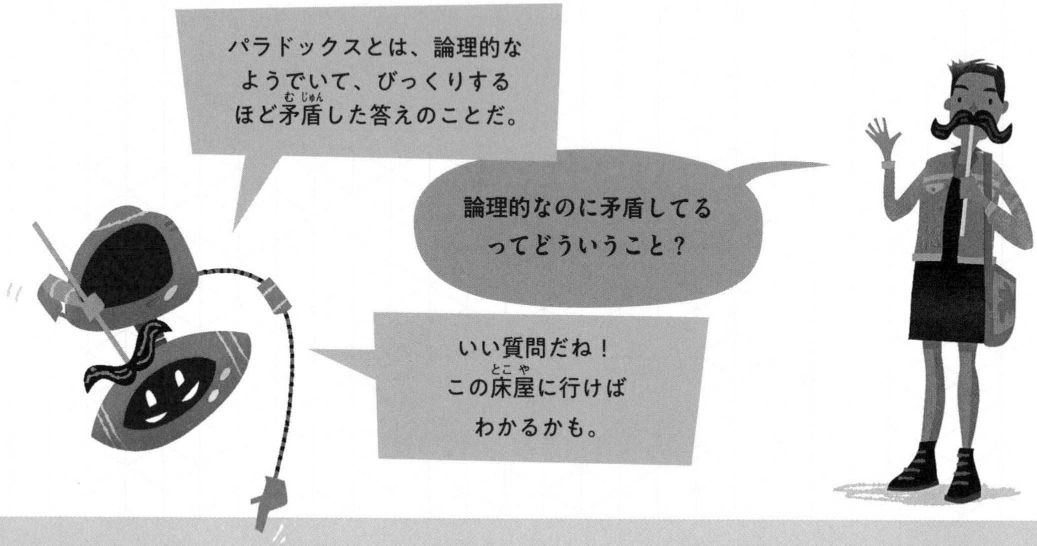
パラドックスとは、論理的なようでいて、びっくりするほど矛盾《むじゅん》した答えのことだ。
論理的なのに矛盾してるってどういうこと？
いい質問だね！この床屋《とこや》に行けばわかるかも。

ある村の男性は、みんなきれいにひげをそっている。ひげは自分でそる人と、床屋でそる人がいる。床屋は自分でそらない人全員のひげをそり、それ以外の人のひげはそらない。

この村の男の人は、自分でひげをそる人と、私にそられる人のどちらかだ。
じゃあ、おじさんのひげはだれがそるの？

えっと…うちは自分で
そらない人専用の床屋だから、
自分じゃそれないよ。
でも、床屋が無理なら
自分でそらなきゃ…。
この板ばさみ、わかる？
これがパラドックスね。
なんとなくわかったけど、
数学となんの関係が？
数学では村の男たちを「あらゆる集合の集合」と考える。
その中に「自分自身をふくまない集合の集合（＝A）」がある。
Aの条件は自分自身をふくまないことだから、AがAをふくむ
と、AはAにふくまれなくなる。でもAがAをふくまないと、
AはAにふくまれてしまう。だから板ばさみになるのさ。
こうしたパラドックスの存在は、
真実じゃないことも理論上は
証明できてしまうことを意味する。
パラドックスが存在するから
といって、これまで証明してきた
ことがまちがってるとは限らない。
数学には、多少はっきりしない
部分がどうしても残るんだ。
もう、
わけわかんない！

第６章
確率と統計

数学における**確率**は、ある出来事がどのくらいの頻度《ひんど》でおこるかを計算するための手段。そして**統計**は、データを集め、分析《ぶんせき》し、結論をみちびくための手段だ。この２つを組みあわせることで、今おきていることを分析したり、未来を予測したりすることができる。さらに、その分析や予測に基《もと》づいて、よりよい判断をすることもできるんだ。

どちらの分野も、正確な答えを出すことを目標にはしていない。でもそれがかえって、ややこしくて予測しづらい、正解のない世の中を知るのに役だつんだ。

じゃんけんぽん。また勝った！
あれー？ そろそろ勝てるはずだけど…
エリちゃん、確率ってそういうことじゃないよ…

確率ってなんだろう？

きみも、「ジャンケン」はしたことがあるよね？　確率は、こうした勝負に勝つ頻度《ひんど》がどのくらいかを計算するための手段だ。ある出来事がおこる頻度を0から1までの間の数値で表したもので、0が**不可能**、1が**確実**なことをしめしている。

ドーナツが
ラスト1個！
ジャンケンしよう。
5回勝負ね。

なにかを決めるときは、ジャンケンをすることがよくある。これは、ジャンケンをする人が、グー・チョキ・パーそれぞれの手を選ぶ確率が等しい*から。つまりジャンケンをする人の、勝つ、引き分ける、負ける確率が、毎回等しいからなんだ。

グーは
チョキに勝つが、
パーには負ける。

パーは
グーに勝つが、
チョキには負ける。

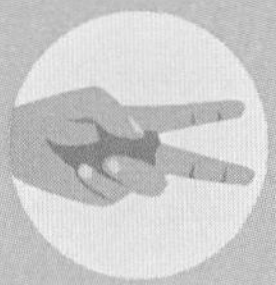

チョキは
パーには勝つが、
グーには負ける。

下の表は、1回の勝負で考えられる結果をすべて記している。

	ルイの手	グー	パー	チョキ
エリの手	グー	引き分け	ルイの勝ち	ルイの負け
	パー	ルイの負け	引き分け	ルイの勝ち
	チョキ	ルイの勝ち	ルイの負け	引き分け

考えられる結果は9通りある。そのうち3つはルイが勝つものなので、ルイが勝つ確率は9分の3。これは$\frac{3}{9}$または$\frac{1}{3}$と書くことができる。

負ける確率も$\frac{3}{9}$または$\frac{1}{3}$だ。
引き分けの確率も同じだね。

それぞれの結果がおこる確率をすべて足すと、**必ず**1になる。

$$\frac{3}{9}+\frac{3}{9}+\frac{3}{9}=\frac{9}{9}=1$$

*ただし、心理的にチョキはやや出しにくいという研究者もいる。

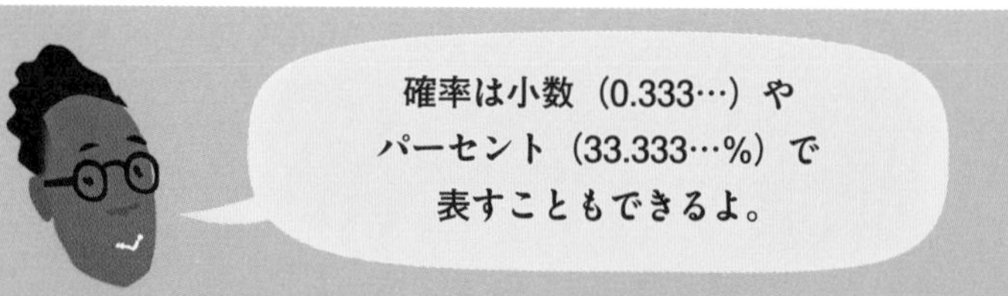
確率は小数（0.333…）や
パーセント（33.333…%）で
表すこともできるよ。

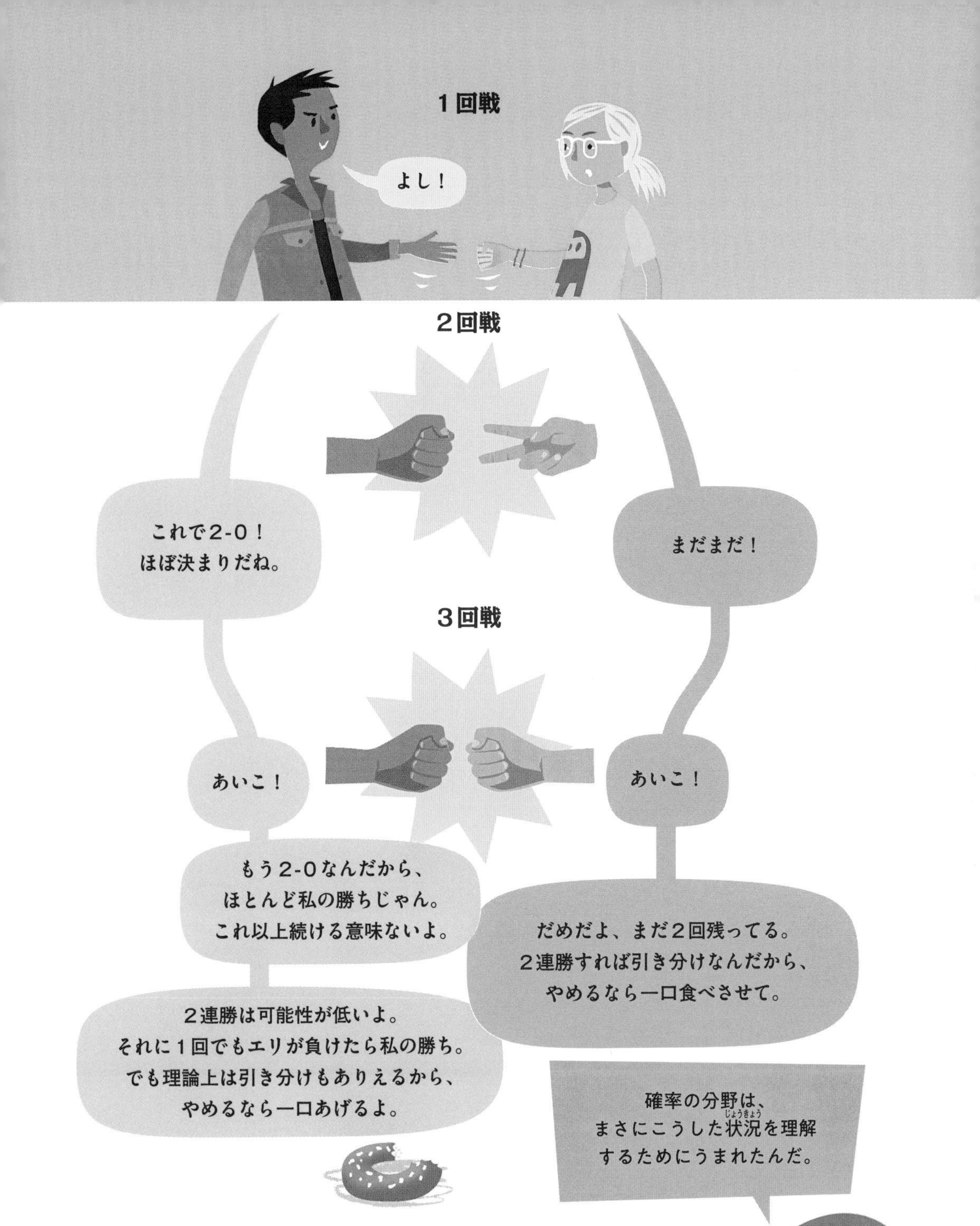
1回戦
よし！
2回戦
これで2-0！
ほぼ決まりだね。
まだまだ！
3回戦
あいこ！
あいこ！
もう2-0なんだから、
ほとんど私の勝ちじゃん。
これ以上続ける意味ないよ。
だめだよ、まだ2回残ってる。
2連勝すれば引き分けなんだから、
やめるなら一口食べさせて。
2連勝は可能性が低いよ。
それに1回でもエリが負けたら私の勝ち。
でも理論上は引き分けもありえるから、
やめるなら一口あげるよ。
確率の分野は、
まさにこうした状況《じょうきょう》を理解
するためにうまれたんだ。

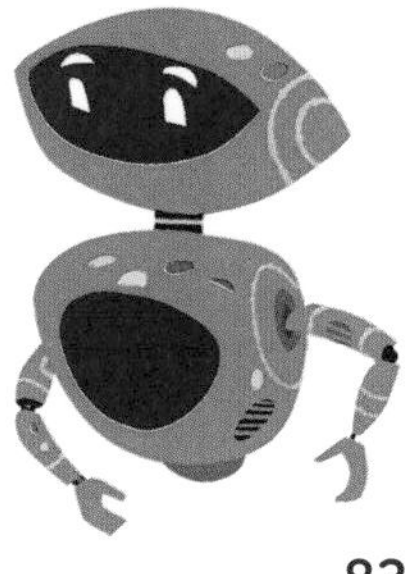

17世紀、２人の数学者が、こうした運に左右されるゲームが途中《とちゅう》で終わった場合に、賞金を公平に分ける方法を見つけようとした。彼《かれ》らの解決方法は、ゲームのゆくえを予想し、ありえた結果のおこりやすさ（確率）に応じて、賞金を分けるというものだった。

かしこい選択《せんたく》をするために

確率を使っても未来を予測することはできないけど、「よりおこりそうなこと」を予想することはできる。それによってあらかじめ危険を見積もれば、かしこい選択《せんたく》がしやすくなるんだ。ひょっとしたら、賞品だって手に入るかもしれないよ。

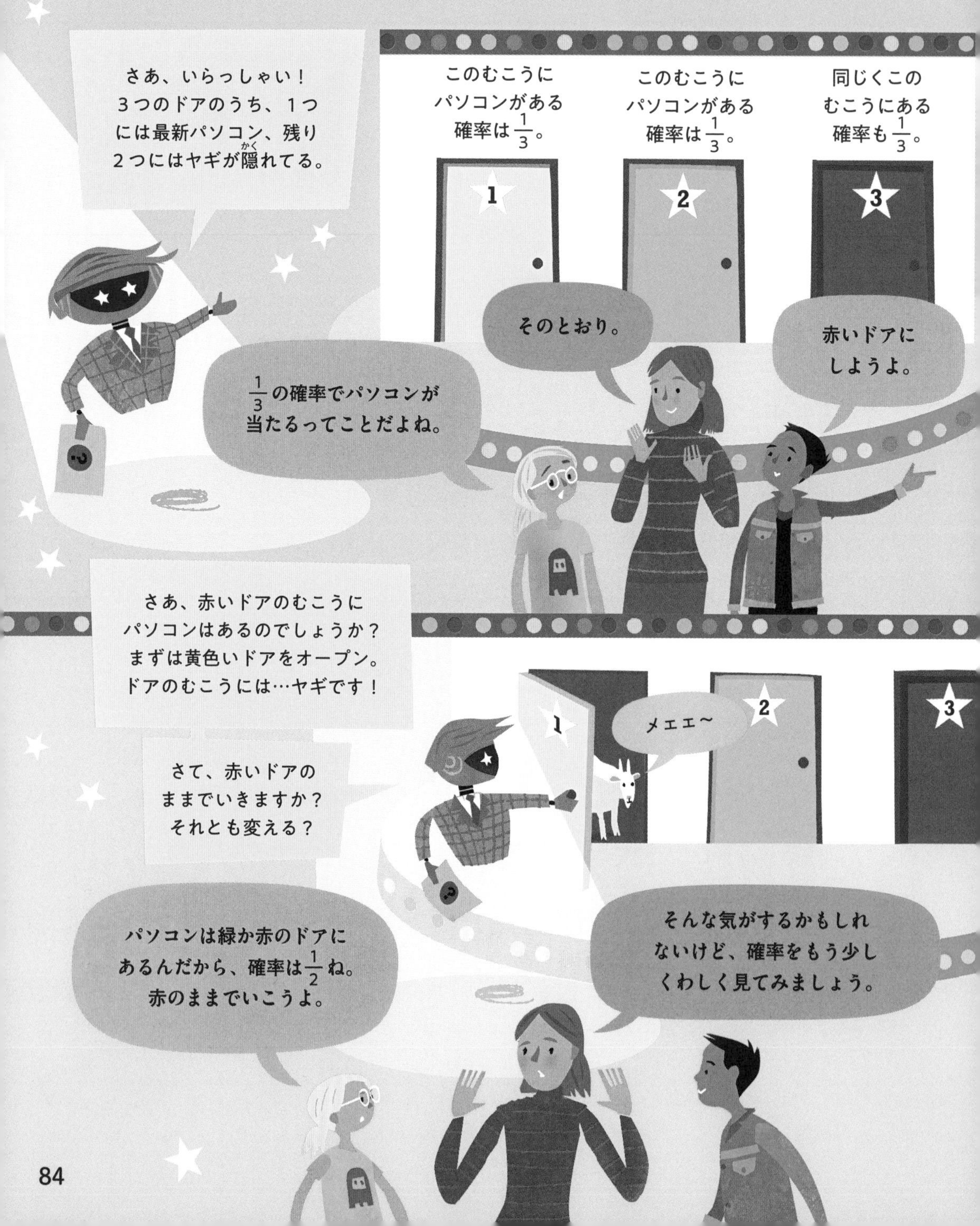

さあ、いらっしゃい！3つのドアのうち、1つには最新パソコン、残り2つにはヤギが隠《かく》れてる。
このむこうにパソコンがある確率は$\frac{1}{3}$。
このむこうにパソコンがある確率は$\frac{1}{3}$。
同じくこのむこうにある確率も$\frac{1}{3}$。
1
2
3
$\frac{1}{3}$の確率でパソコンが当たるってことだよね。
そのとおり。
赤いドアにしようよ。
さあ、赤いドアのむこうにパソコンはあるのでしょうか？まずは黄色いドアをオープン。ドアのむこうには…ヤギです！
1
2
3
メエエ〜
さて、赤いドアのままでいきますか？それとも変える？
パソコンは緑か赤のドアにあるんだから、確率は$\frac{1}{2}$ね。赤のままでいこうよ。
そんな気がするかもしれないけど、確率をもう少しくわしく見てみましょう。

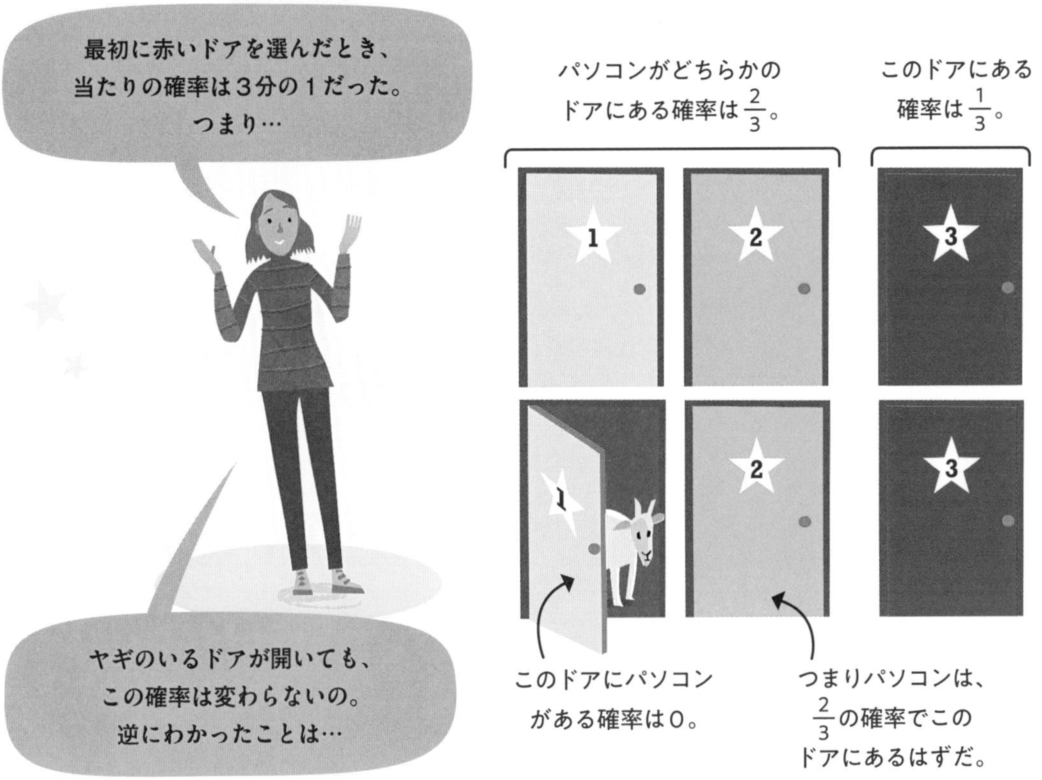
最初に赤いドアを選んだとき、
当たりの確率は3分の1だった。
つまり…
パソコンがどちらかのドアにある確率は$\frac{2}{3}$。
このドアにある確率は$\frac{1}{3}$。
1
2
3
1
2
3
ヤギのいるドアが開いても、
この確率は変わらないの。
逆にわかったことは…
このドアにパソコンがある確率は0。
つまりパソコンは、$\frac{2}{3}$の確率でこのドアにあるはずだ。

さあ、答えを変えますか、
変えませんか？
変えます！
変えたほうが当たる
確率が高いもん。

こうした問題では、たとえ数学者でも答えを変えない人のほうが多いという。正しいドアを選んでいたのに、答えを変えたばかりに外してしまったら、ショックが大きいからね。この話は、確率にかんする直感がどれだけ外れうるかをしめしている。数学は、こういう場合にも正しい判断をするために必要なんだ。学校で数学を学ぶ理由もそこにあるんだよ。

この問題は、似たゲームを行うアメリカのテレビ番組の司会者の名前にちなんで、モンティ・ホール問題とよばれている。

確率の落とし穴

確率を使うと、よりよい判断ができるのはまちがいない。でも、実際に使うときには、ちょっと注意が必要だ。

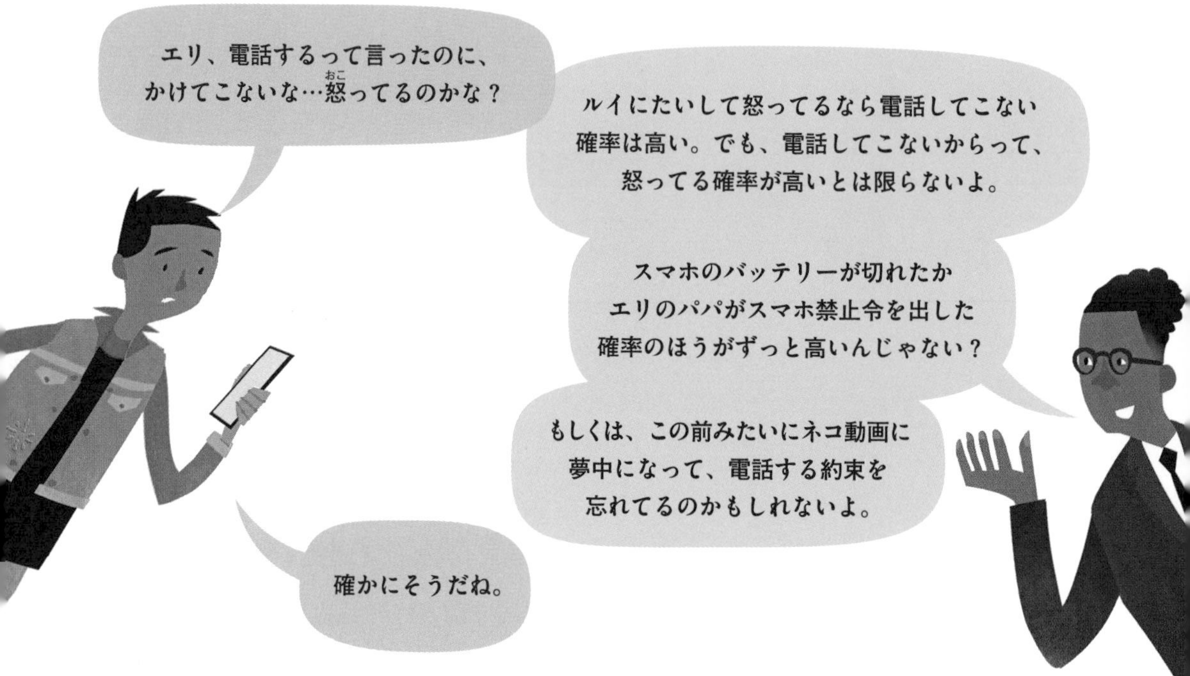
エリ、電話するって言ったのに、かけてこないな…怒《おこ》ってるのかな？
ルイにたいして怒ってるなら電話してこない確率は高い。でも、電話してこないからって、怒ってる確率が高いとは限らないよ。
スマホのバッテリーが切れたかエリのパパがスマホ禁止令を出した確率のほうがずっと高いんじゃない？
もしくは、この前みたいにネコ動画に夢中になって、電話する約束を忘れてるのかもしれないよ。
確かにそうだね。

現実には、こういう思いちがいがよくある。そしてこれが法廷《ほうてい》などでおこると、とても深刻な結果をまねくおそれがあるんだ。

人口 200 人の町で、3 匹《びき》のクマが住む家にどろぼうが入り、被害《ひがい》が出たとする。

長い金髪《きんぱつ》の人物が、現場から逃《に》げるのが目撃《もくげき》された。そして、この町にはその証言に当てはまる人物が 10 人いたとする。

現在、ゴルディロックスは、３匹のクマの家にぬすみに入った罪で、裁判にかけられている……

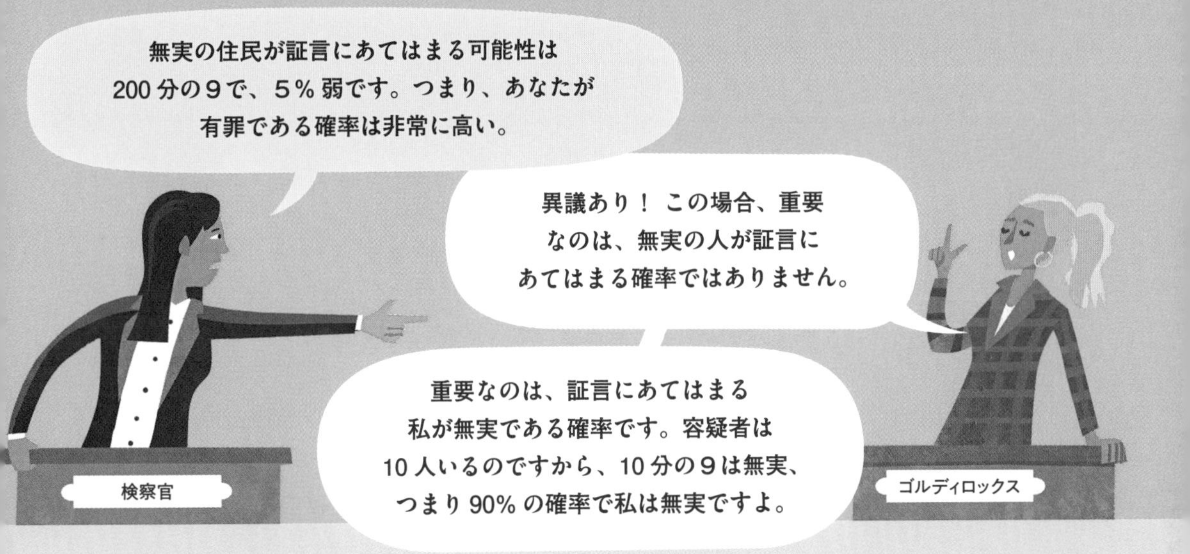
無実の住民が証言にあてはまる可能性は200分の９で、５％弱です。つまり、あなたが有罪である確率は非常に高い。
異議あり！ この場合、重要なのは、無実の人が証言にあてはまる確率ではありません。
重要なのは、証言にあてはまる私が無実である確率です。容疑者は10人いるのですから、10分の９は無実、つまり90％の確率で私は無実ですよ。
検察官
ゴルディロックス

この検察官の誤りは、無実の人が証言にあてはまる確率と、証言にあてはまる人が無実である確率を、同じように考えてしまったことにある。エリにたいするルイの誤解も、これと似たようなことなんだ。かつてはこうしたかんちがいによって、無実の人たちが有罪判決を受け、刑務所《けいむしょ》に入れられることもあった。

とはいえ、目撃者の証言は無視できない。証言がある以上、容疑者はしぼりこまれるし、ゴルディロックスへの疑いも晴れない。真実をつきとめるには、もっとほかの証拠《しょうこ》が必要だ。

彼女《かのじょ》の話は本当かな？
空き巣があった時間に、彼女はどこにいたんだろう？

目撃者の証言にあてはまるほかの９人のアリバイは？

ゴルディロックスが犯人である確率を、陪審員《ばいしんいん》が実際に計算する必要はない。でも、犯人を確定するには、きちんと納得《なっとく》できるような**確かな証拠**が必要だ。

統計

統計とよばれる数学の分野は、情報や**データ**を使って世界のことを知る学問だ。統計学者はデータを集め、それを使って世界の動きを大まかに説明し、未来を予測している。

統計学者の仕事は、疑問をもつことから始まる。
疑問の内容はなにげないことでも大丈夫《だいじょうぶ》だ。

一番好きな
魔法《まほう》動物は？
次の選挙で
勝つのはだれ？
おこづかいって
昔より増えてるの？

その後、こうした疑問について多くの人に聞きとり調査をしたり、
過去の記録から必要な情報を探したりして、データを集める。

選挙前の世論調査です。
次の選挙でだれに投票するか
教えていただけますか？
はい。

有権者全員に聞きとりをするのは、人数が多すぎて無理だ。でも聞く人が少ないと、傾向《けいこう》を予想することはできても、正確さを欠いてしまう。

データを得た統計学者は、図、表、グラフなどを作りながら、
分析《ぶんせき》を進める。

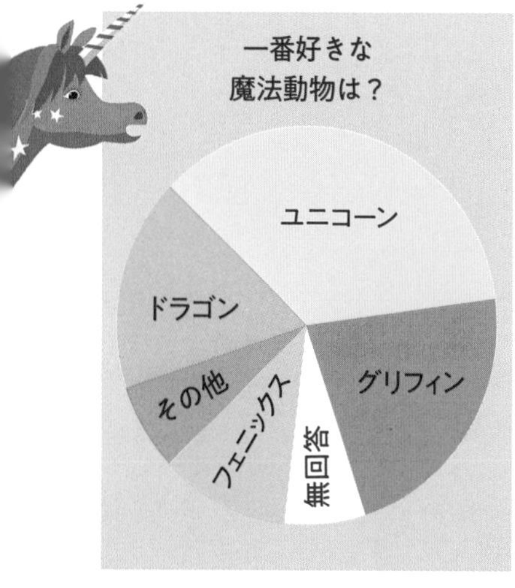
一番好きな
魔法動物は？
ユニコーン
ドラゴン
その他
フェニックス
無回答
グリフィン

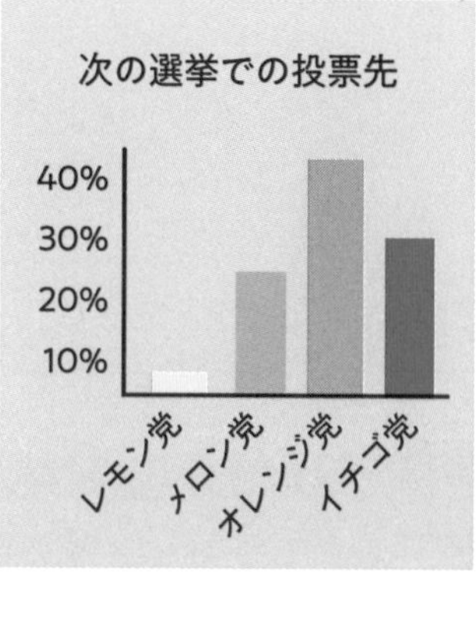
次の選挙での投票先
40%
30%
20%
10%
レモン党
メロン党
オレンジ党
イチゴ党

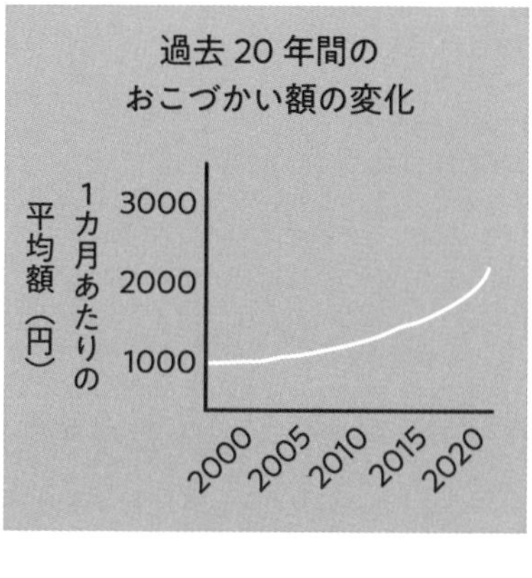
過去 20 年間の
おこづかい額の変化
1カ月あたりの
平均額（円）
3000
2000
1000
2000
2005
2010
2015
2020

「統計」という言葉は、数学の一分野をさすだけじゃなく、
グラフや表にまとめられたデータの意味でも使われる。

グラフを見てすべてのことがわかれば楽だけど、実際はちがう。
作る人の意図によって、限られた情報しか見ることができないんだ。

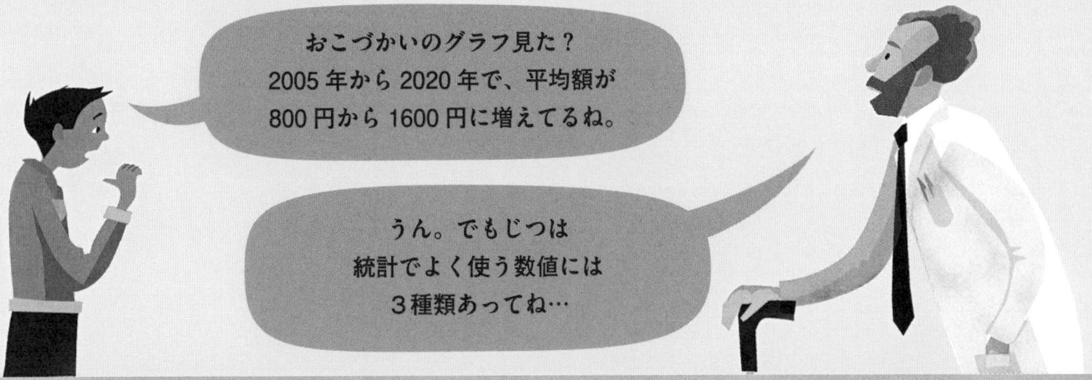
おこづかいのグラフ見た？
2005 年から 2020 年で、平均額が
800 円から 1600 円に増えてるね。
うん。でもじつは
統計でよく使う数値には
３種類あってね…

平均値は、データ内のすべての数値を合計し、その答えを数値の数で割ったもの。

すべての数値を高いほうから低いほうに並べたとき、真ん中の数値が**中央値**。

最頻《さいひん》値《ち》は、データ内のすべての数値や回答のうち、もっとも登場回数の多いもの。p.88 の魔法動物の例でいうと、最頻値はユニコーンになる。

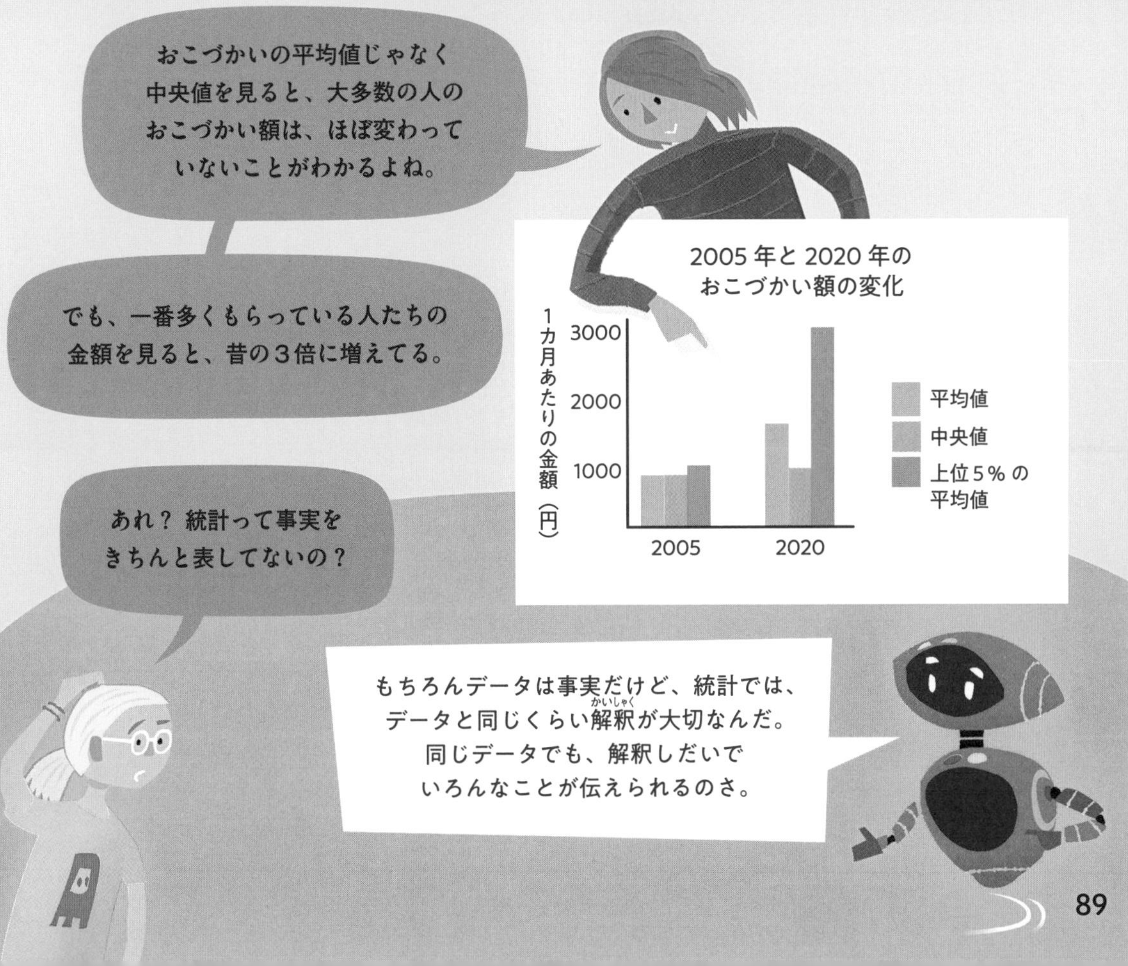
おこづかいの平均値じゃなく
中央値を見ると、大多数の人の
おこづかい額は、ほぼ変わって
いないことがわかるよね。
でも、一番多くもらっている人たちの
金額を見ると、昔の３倍に増えてる。
2005 年と 2020 年の
おこづかい額の変化
１カ月あたりの金額（円）
3000
2000
1000
2005
2020
平均値
中央値
上位５% の
平均値
あれ？ 統計って事実を
きちんと表してないの？
もちろんデータは事実だけど、統計では、
データと同じくらい解釈《かいしゃく》が大切なんだ。
同じデータでも、解釈しだいで
いろんなことが伝えられるのさ。

データ収集の難しさ

統計で正確な結論を出すには、正確なデータが必要だ。データがまちがっていれば、統計もまちがってしまう。ただし、正確なデータを手にいれるのが難しいときもある。

世界で最も古いデータには、人口にまつわるものがいくつかある。これは、**国勢調査**とよばれる公式の調査によって集められたものだ。

人口調査は今でも行われているけれど、最初のものは、6000 年前にバビロニア人によって行われた。
バタン…
残り 7000 軒《けん》か…
なんか怖《こわ》いな。行くのやめよう。
国勢調査員は、今も昔も全員に話を聞くのに苦労する。

こうした調査には時間がかかる。でも、人口の増減を調べるには欠かせない作業だし、国が人口に応じた食料や住宅、学校を用意するときにも役にたつ。ただし、データの中には、まちがった数値や実情にあっていないものもある。

今や、最新のテクノロジーによって、データの収集ははるかに簡単になった。人工衛星、スマートフォン、インターネットなどのおかげで、世界はデータであふれているんだ。毎日、何百万人もの人々が検索《けんさく》エンジンに質問を入力し、SNS を使い、オンラインで買い物をする。これによってうみだされる膨大《ぼうだい》な量のデータは、**ビッグデータ**とよばれている。

ビッグデータは、統計の使われ方にも大きな影響《えいきょう》を与《あた》えた。一部のウェブサイトでは、ビッグデータを使って、ユーザーが気に入りそうなコンテンツを表示させている。

再生リスト
スイート・キャット
あなたへのおすすめ

この動画が好きなら
スイート・キャット
これもおすすめ
高評価リスト
こちらもおすすめ
あなたへのおすすめ

ビッグデータには課題もある。役だつ情報がたくさんある一方、データ量が多すぎて、処理するのが大変なんだ。

スポーツと統計

統計は、分析《ぶんせき》できるデータがありさえすれば、生活のあらゆる場面で役だてることができる。最近では、一流のスポーツチームでも活用されているほどだ。

統計学者は、監督《かんとく》やコーチと協力しあって、試合に勝つためのトレーニング体制や戦略を考える。

統計を使えば、チームの強みや改善点がどこにあるかもわかるんだ。

ぼくは全試合を分析してる。見たプレーは1000を超《こ》えるよ。
試合結果
2-0

統計によると、ロングパスを3m短くすれば、パスの成功率が75%に上がるよ。
スプリント最高速度：時速36km
シュート成功率：71%
パス成功率：64%
パスの平均距離《きょり》：24.1m

分析によると、チームが負けているときのペナルティキックでは、キーパーは右に飛ぶ確率がはるかに高くなる。

でも実際は、右や左に飛ぶよりゴールの中央にとどまったほうが、セーブできる確率が2倍も高くなる。

ところが、中央を選ぶキーパーはめったにいない。観客の前だと、ついなにかしなきゃと思って、体が動いてしまうのかもね。

臨床《りんしょう》試験ってなに？

統計は、科学においても重要な役割をはたしている。化学物質から人体の働きに至るまで、自然界のしくみを調べる実験には、統計が欠かせないんだ。

たとえば、ドッグフレンドという名の人間用の薬が開発されたとしよう。この薬を飲むと犬に好かれ、犬が近よってくるようになる。

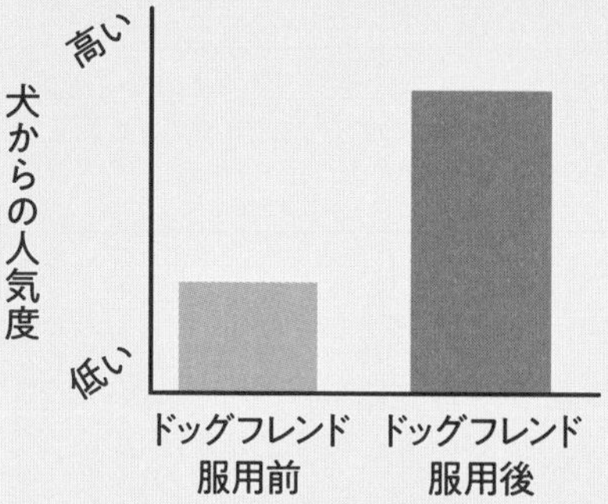

初期のテストでは、ドッグフレンドを飲んだ後のほうが、犬により好かれるという結果が出た。

でも、これがドッグフレンドの効果だとは言いきれない。偶然《ぐうぜん》かもしれないし、薬を飲んだ人たちの別の行動が、犬を引きつけた可能性もある。

ドッグフレンドの効果を調べるために、科学者は**臨床《りんしょう》試験**とよばれる公正な検査を行う必要がある。

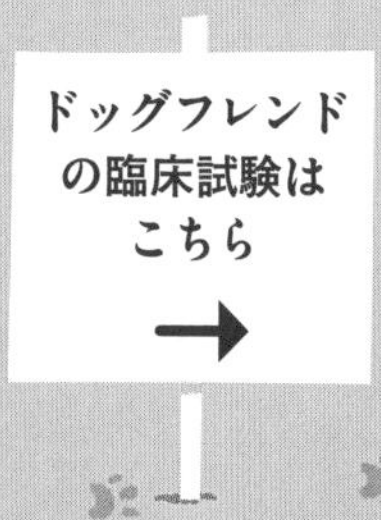

この試験では、さまざまなタイプの参加者をなるべく同じ割合でまぜ、２つのグループに分ける。

グループ①は、ドッグフレンドを飲む。

グループ②はドッグフレンドに似せて作った、薬の成分が入っていない錠剤《じょうざい》を飲む。

参加者がどちらのグループに属しているかは、参加者自身も薬を処方している医師も知らない。

薬に似せた錠剤を**プラセボ**とよぶ。

2つのグループは全員がまったく同じように扱《あつか》われる。
そして定期的な検査と経過観察を受ける。

犬との関係性の変化や副作用はありました？
うーん、この子はすごくなついてくるようになったね。

これによって、グループ間の検査結果のちがいが、ほかの要因ではなく薬によるものだとわかるんだ。

結果は…

ドッグフレンドを服用したグループは、犬からの人気度が平均80%アップした。

プラセボを服用したグループもやや改善し、約20%アップした。

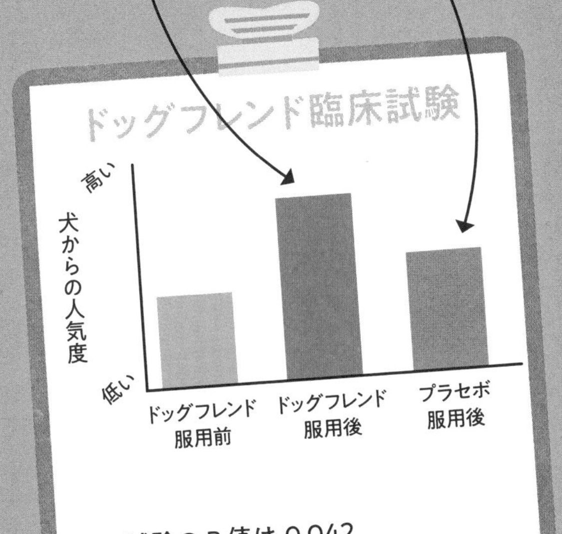
ドッグフレンド臨床試験
高い
犬からの人気度
低い
ドッグフレンド服用前
ドッグフレンド服用後
プラセボ服用後
この試験のP値は 0.042

一見、この結果なら薬の効果はあるように見える。でも、これが偶然による結果である可能性もまだ消えていない。

統計学者が結果の信頼性《しんらいせい》について考えるときは、**P値**に注目する。
これは、結果が偶然によるものである確率を0から1の間の値《あたい》でしめしたもの。

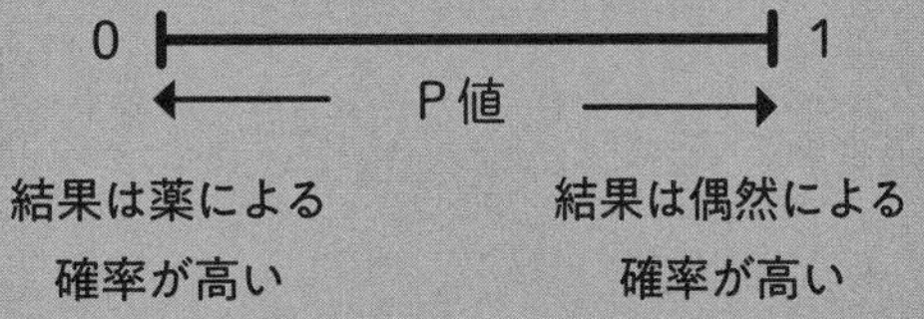
0
1
P値
結果は薬による確率が高い
結果は偶然による確率が高い

P値が0.05未満であれば、統計学者は結果に「統計的有意性」があると考える。これは、「結果が偶然によるものである確率はかなり低い」という意味だ。

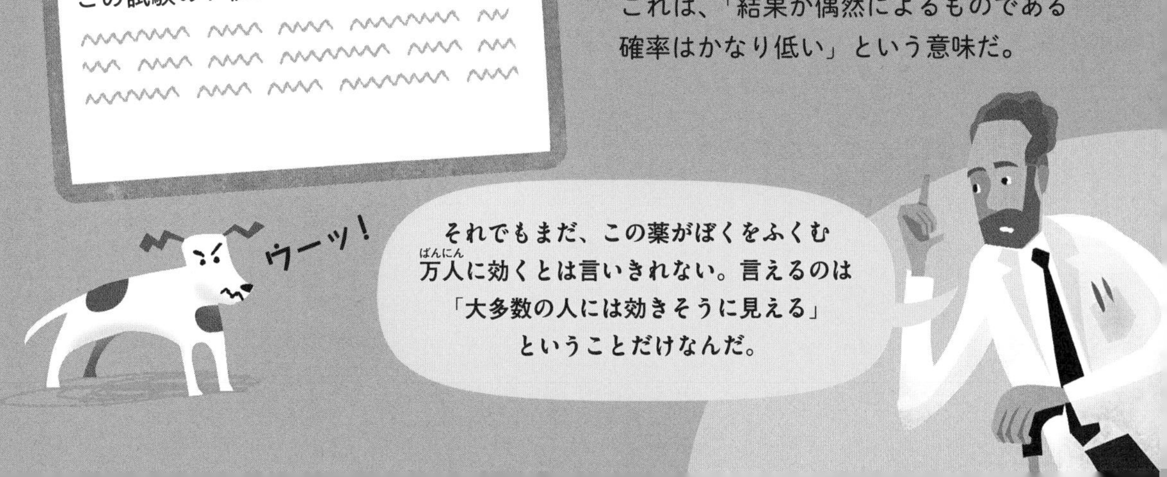
ウーッ！
それでもまだ、この薬がぼくをふくむ万人《ばんにん》に効くとは言いきれない。言えるのは「大多数の人には効きそうに見える」ということだけなんだ。

統計とフェイクニュース

残念ながら、統計はよく悪用されたり誤解されたりする。目をひく見出しや、わざと誤解をまねく表現を使うことで、事実がゆがめられてしまうんだ。ここでは、きみが見た統計が信頼《しんらい》できるものかどうか判断するためのポイントを紹介《しょうかい》するよ。

情報にかたよりはない？

石炭協会の得になることしか書かれておらず、環境《かんきょう》へのダメージには一切ふれられていない。

できすぎた話に注意

現実とは思えない話は、疑ってかかろう。

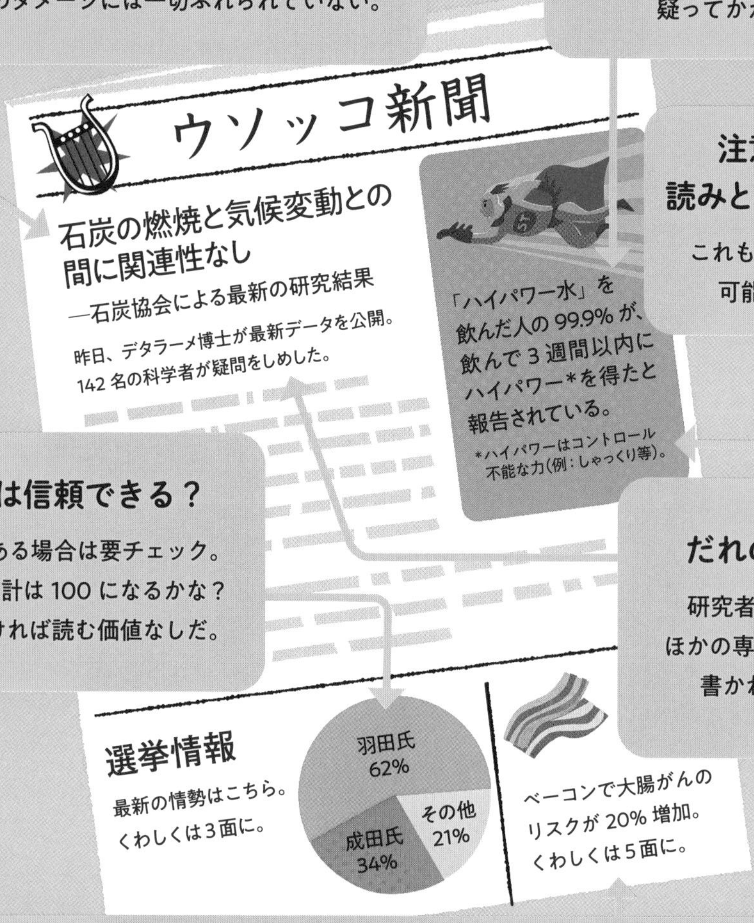

ウソッコ新聞
石炭の燃焼と気候変動との間に関連性なし
—石炭協会による最新の研究結果
昨日、デタラーメ博士が最新データを公開。142 名の科学者が疑問をしめした。
「ハイパワー水」を飲んだ人の 99.9% が、飲んで 3 週間以内にハイパワー*を得たと報告されている。
*ハイパワーはコントロール不能な力（例：しゃっくり等）。
選挙情報
最新の情勢はこちら。くわしくは3面に。
羽田氏 62%
成田氏 34%
その他 21%
ベーコンで大腸がんのリスクが 20% 増加。くわしくは5面に。

注意書きを読みとばしてない？

これも大事な情報の可能性がある。

数字は信頼できる？

数字がある場合は要チェック。割合の合計は 100 になるかな？さもなければ読む価値なしだ。

だれの研究？

研究者の評判は？ほかの専門家の意見は書かれている？

数字の本当の意味を考えよう

20% だとかなり増えたように感じるけれど、これはがんになるリスクが 20% 増えるという意味じゃない。大腸がんを発症《はっしょう》する確率が平均 0.4% だとして、これがベーコンを食べることで 20% 増加するとすれば、0.48% になるにすぎない。さらにそれは、ベーコンを食べることとがんとの間に、実際に因果関係がある場合に限られる。

このニュース、見た？
数学は人を幸せにするらしいよ。

スーガク魔女《まじょ》

「数学を学ぶ人は幸せ」最新研究

デマカセ大学で行われた調査によると、数学を学ぶ学生は、ほかのどの教科を学ぶ学生よりも幸福度が高いことがわかった。調査は無記名で行われ、学生は自分の幸福度を10点満点で評価した。

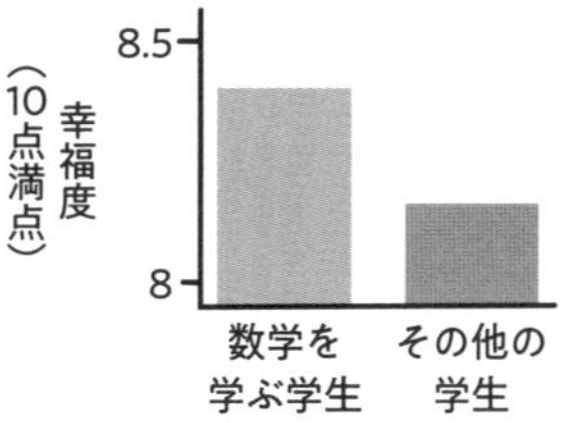

UsokkoNews.com

待って。パッと見、数学を学ぶ学生の幸福度は２倍に見えるけど、その目盛りをよく見ると…

エル

あっ、差が0.2しかない。でも、２倍ではないにせよ、数学の学生のほうが幸せなのはまちがいないんじゃない？

スーガク魔女

どうかな…。これは１校だけのデータだよね？
この大学が例外で、ほかの大学では、数学を学ぶ学生はみんな不幸ってこともありうるよ。

エル

確かに…。いつも
データの裏づけはチェックするんだけど、今回はうっかりしてた。

スーガク魔女

人は、自分にとって都合のよい情報があると、裏づけを確認《かくにん》せずに信じてしまう傾向《けいこう》がある。
これは、**確証バイアス**とよばれているよ。

第7章
数学とコンピュータの未来

今日やることを教えてくれたり、健康を管理してくれたりと、コンピュータは日々さまざまな場面で役にたっている。私たちにとって、もはやコンピュータなしの生活は想像できないほどだ。さらにスマートフォンがあれば、いつでもどこでも、だれかとつながったり、地図を見たり、気になることを調べたりできる。

こうしたことはすべて、数学がなければ不可能だ。コンピュータの設計やプログラミングはすべて、数学を使って行われるんだ。

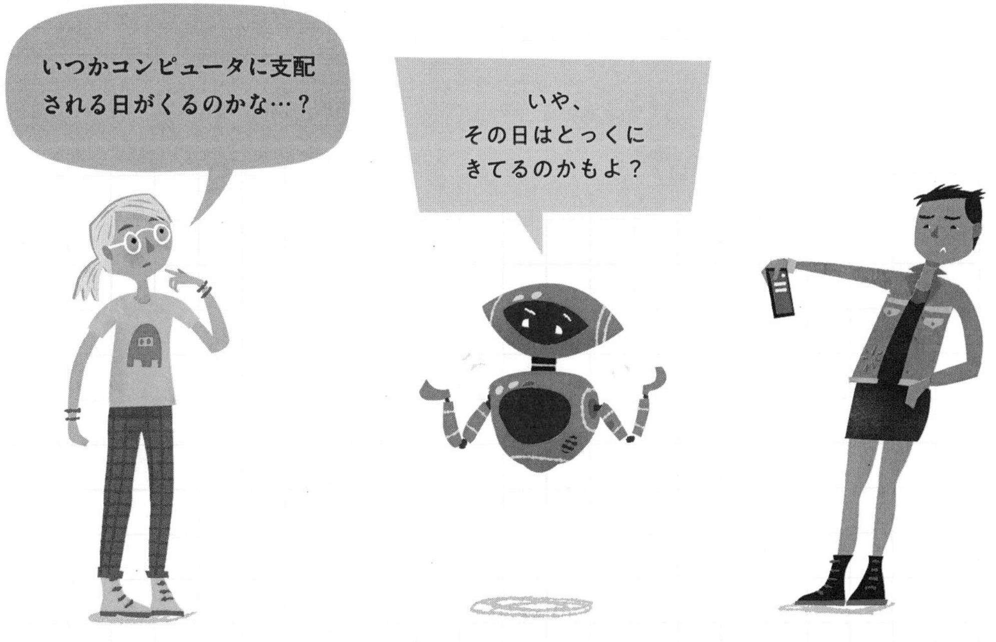

いつかコンピュータに支配される日がくるのかな…？
いや、その日はとっくにきてるのかもよ？

コンピュータってなんだろう？

コンピュータとは、**入力**した情報を処理して結果を**出力**する機械のことをいう。

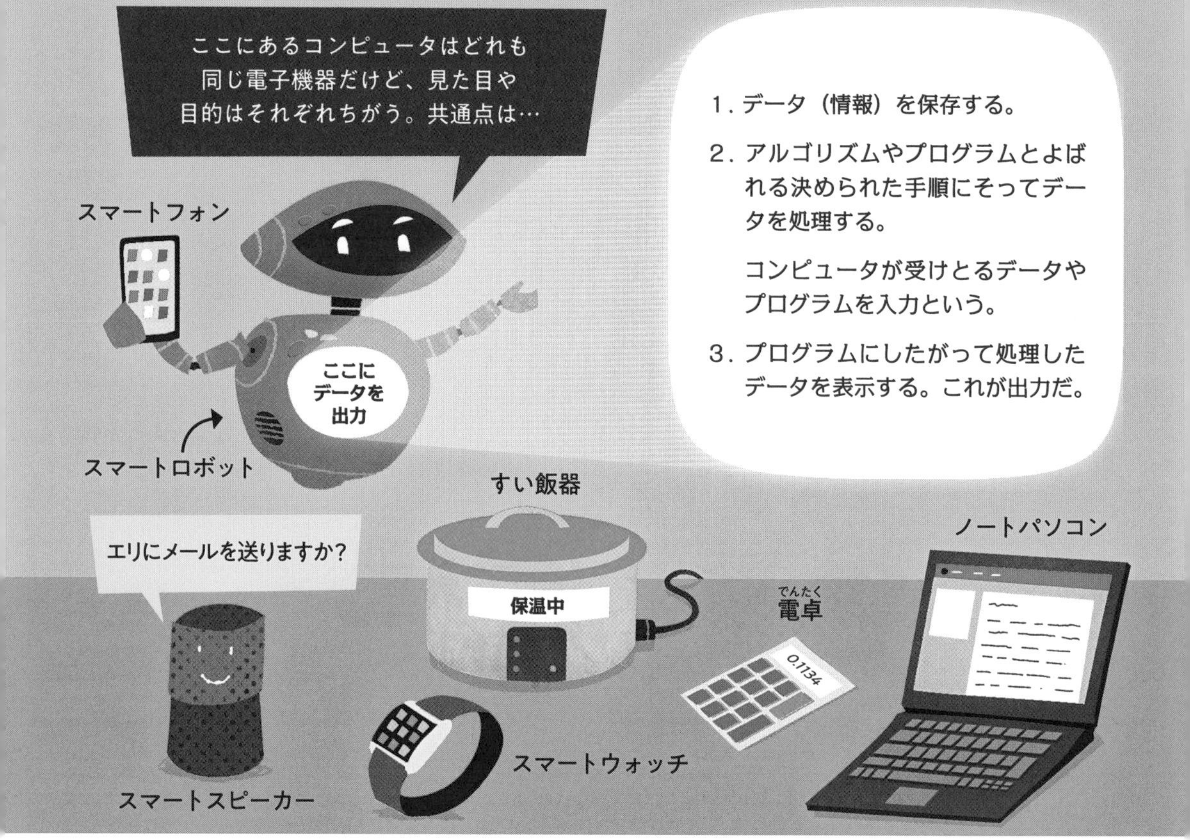

ここにあるコンピュータはどれも
同じ電子機器だけど、見た目や
目的はそれぞれちがう。共通点は…
スマートフォン
ここに
データを
出力
スマートロボット
すい飯器
保温中
ノートパソコン
電卓《でんたく》
0.1134
エリにメールを送りますか？
スマートスピーカー
スマートウォッチ

1. データ（情報）を保存する。
2. アルゴリズムやプログラムとよばれる決められた手順にそってデータを処理する。

   コンピュータが受けとるデータやプログラムを入力という。
3. プログラムにしたがって処理したデータを表示する。これが出力だ。

コンピュータという言葉は元々、計算をする人をさす言葉だった。それが今では、計算を行う電子機器をさすようになったんだ。

初期の「コンピュータ」の多くは女性が担っており、あらゆる仕事に必要とされていた。

星の位置を
調べるときや…
橋の安全性を
確かめるとき…
ロケット打ち上げ
のときにもね。

コンピュータのチームは、複雑な計算を分担し、何人かのメンバーで同時に解いていった。

時には複数のチームが同時に同じ計算をすることもあった。そうすれば結果が正しいかどうかを、簡単に確かめられるからだ。
この計算はやり直し！

ただし、この方法は時間がかかり、計算ミスがあると、取り返しがつかない結果をまねくこともあった。
月
すい星
ふう！このミスに気づかなければ、ロケットを見失うところだった。

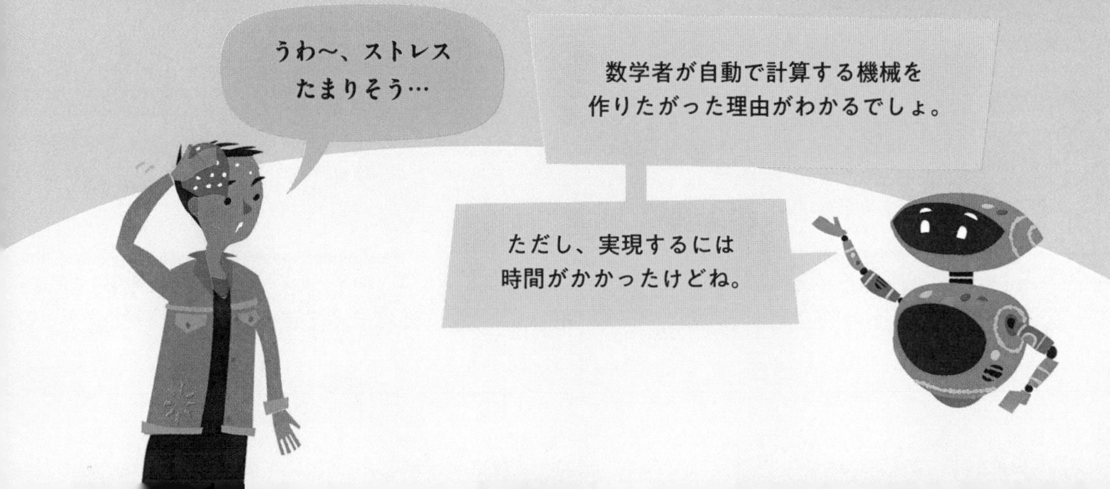
うわ～、ストレスたまりそう…
数学者が自動で計算する機械を作りたがった理由がわかるでしょ。
ただし、実現するには時間がかかったけどね。

幻《まぼろし》の巨大《きょだい》コンピュータ

最初の機械式コンピュータは、1837年に数学者のチャールズ・バベッジによって設計された。解析《かいせき》機関とよばれたこの機械は、構造が複雑すぎて完成することはなかった。けれど、もしも完成していたら、ものすごく広い部屋が必要だったはずだ。

解析機関は、複雑な計算ができるように設計されており、150桁《けた》の数字でも処理することができた。

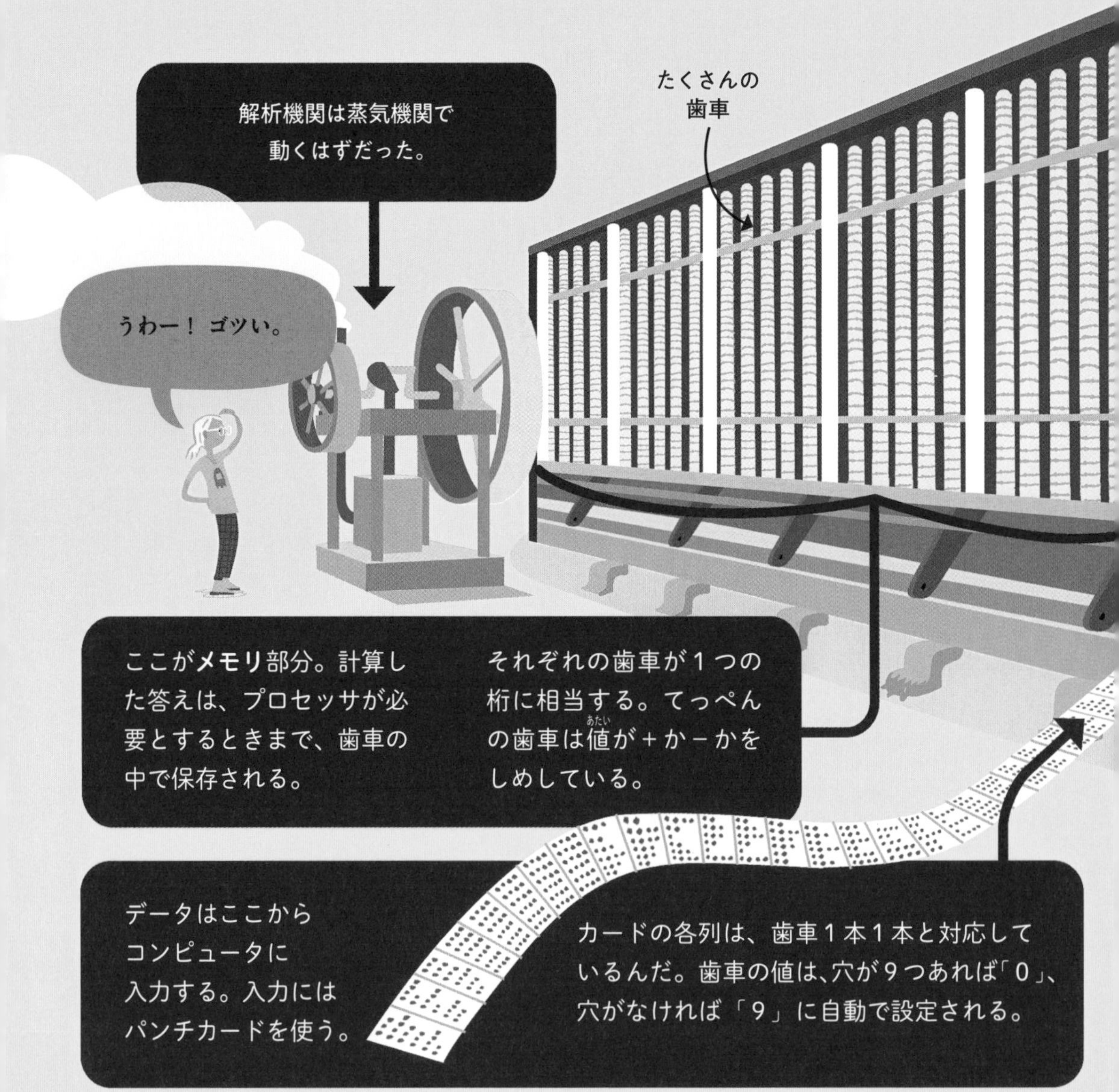
解析機関は蒸気機関で
動くはずだった。
たくさんの
歯車
うわー！ ゴツい。
ここが**メモリ**部分。計算した答えは、プロセッサが必要とするときまで、歯車の中で保存される。
それぞれの歯車が1つの桁に相当する。てっぺんの歯車は値《あたい》が＋か－かをしめしている。
データはここからコンピュータに入力する。入力にはパンチカードを使う。
カードの各列は、歯車1本1本と対応しているんだ。歯車の値は、穴が9つあれば「0」、穴がなければ「9」に自動で設定される。

ここが**プロセッサ**（演算部分）。歯車などを使って、プログラムが実行される場所。

ここに挿入《そうにゅう》されるパンチカードで、たし算、ひき算、かけ算、わり算のどれをするか指示する。

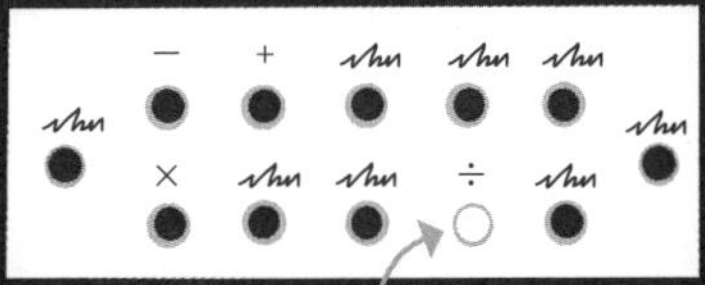

このカードは ÷（わり算）がパンチされていないので、コンピュータはわり算を行う。

パンチカードを組みあわせると、複雑な一連の指示（**アルゴリズム**）も伝えられる。

世界初のコンピュータ・アルゴリズムは、エイダ・ラブレスという数学者によって書かれた。

ここは出力部分。コンピュータに入力した問題への答えとなる数字の列がパンチカードに印字される。

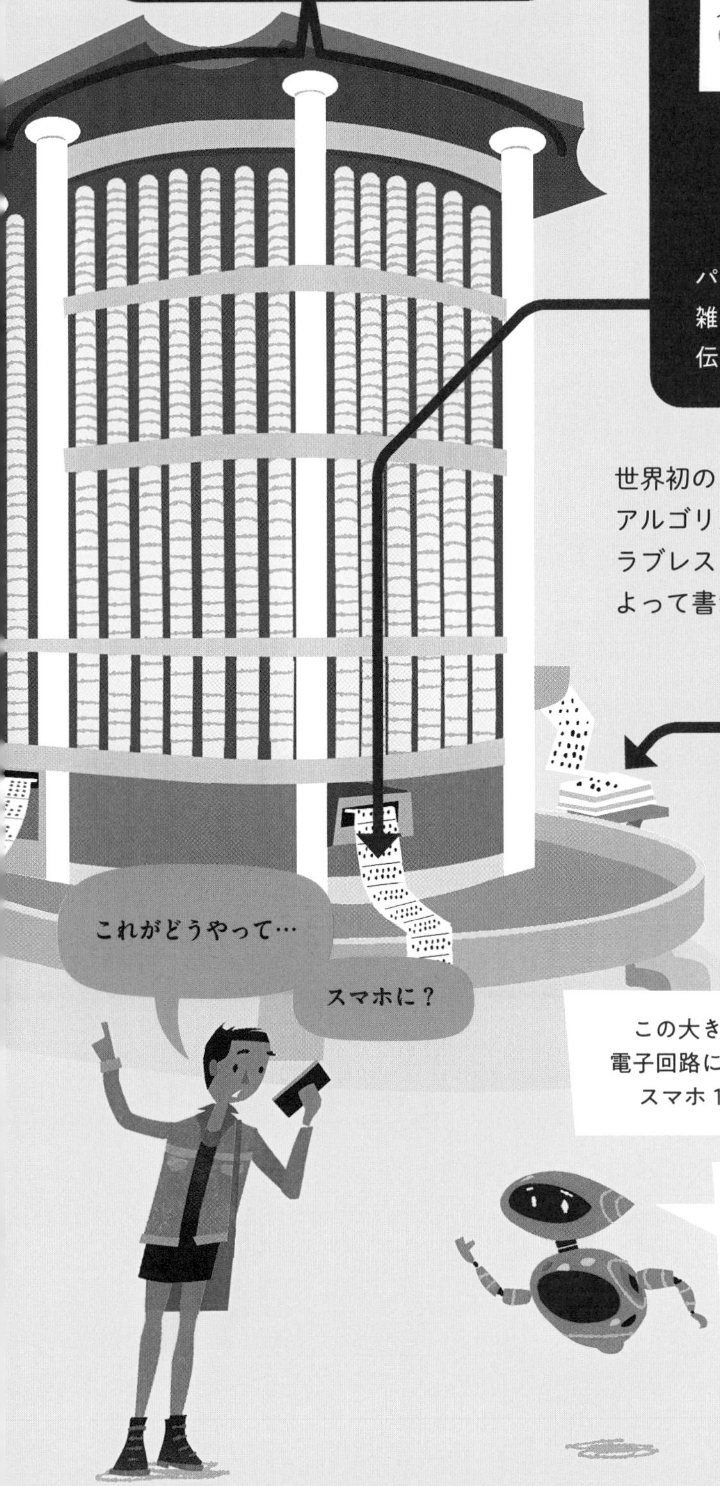

この大きな歯車が、今じゃ小さい電子回路になったんだ。数百万本分がスマホ１台に収まってるんだよ。

さらに人間は、パンチカードを使わずにコンピュータとやりとりする新しい方法を考えだした。次のページで見てみよう。

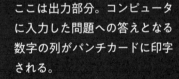

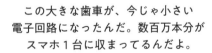

コンピュータ言語

現代のコンピュータは、人間のように数字を理解しているわけじゃない。「1」と「0」の組みあわせだけで数を示す**二進法**によって動いている。

二進法は、「2」を基本の数として桁《けた》が上がっていく数え方だ。つまり、「2」ごとに位が1つ上がるので、「3」は「11」と表される。そのしくみは、次のとおり。

4の位	2の位	1の位
0	1	1

2 + 1 = 3

右から左へそれぞれの数字の値《あたい》が2倍になる。

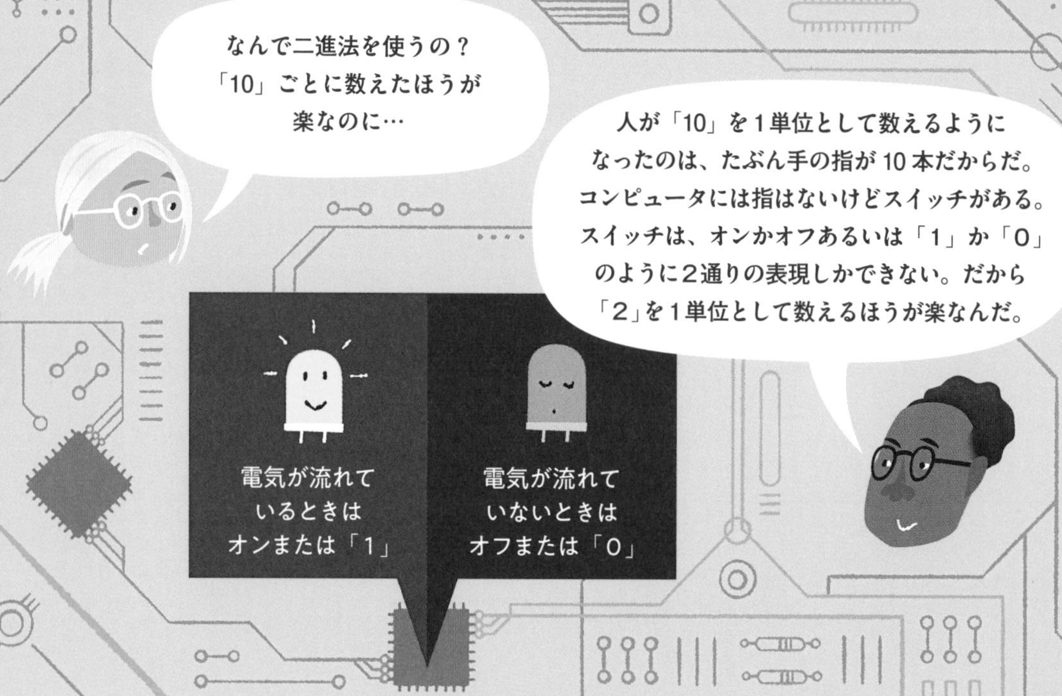
なんで二進法を使うの？「10」ごとに数えたほうが楽なのに…
人が「10」を1単位として数えるようになったのは、たぶん手の指が10本だからだ。コンピュータには指はないけどスイッチがある。スイッチは、オンかオフあるいは「1」か「0」のように2通りの表現しかできない。だから「2」を1単位として数えるほうが楽なんだ。
電気が流れているときはオンまたは「1」
電気が流れていないときはオフまたは「0」

こうしたスイッチは、初期のコンピュータでは目に見えるほど大きかった。ところが今日《こんにち》では、1つの厚さがわずか原子数個分。そんなスイッチが、1枚のコンピュータチップに数百万個から数兆個も入っている。スイッチが多いほど、一度に処理できる情報量が多くなるので、コンピュータは昔に比べてはるかに小さく高速になったんだ。

コンピュータが二進法を使うのは、数を扱《あつか》うときだけじゃない。文章や音声、画像、動画まで、ありとあらゆるものを「1」と「0」で表すんだ。

キーボードで「hello!」と打つと、
それぞれの文字が「1」と「0」からなる
8桁の数列に変換《へんかん》される。
hello!
>> 01001000 01100101 01101100 01101100 01101111 00100001 <<
コンピュータは、
この「1」と「0」を文字に変換し、
画面上に出力するんだ。

コンピュータの画像は、ピクセルという小さな正方形からできている。

ピクセルの色と配置する場所も、「1」と「0」の数列によって、コンピュータに指示されているんだ。

人間の脳は二進法で動いているわけじゃないので、人はPython《パイソン》、Java《ジャバ》、C++《シープラスプラス》などのプログラミング言語を使ってコンピュータと会話し、コンピュータはそれを「1」と「0」に変換するんだ。プログラミングとは、コンピュータを動かすための指示を書くことをいう。

コンピュータプログラムを書くのは、数学のパズルを解くようなものね。きちんと筋道を立て、一歩一歩進めていくものなのよ。

中にはコンピュータに作曲させたり、難しい証明を解かせたりするためのプログラムを開発している数学者もいる。

プログラムを実行する

コンピュータは想像力や自由な意志をもっていない。つまり、人間のように考えることができないんだ。でもその分、コンピュータは、**アルゴリズム**とよばれる正確な手順にしたがって、指示どおり作動することができる。

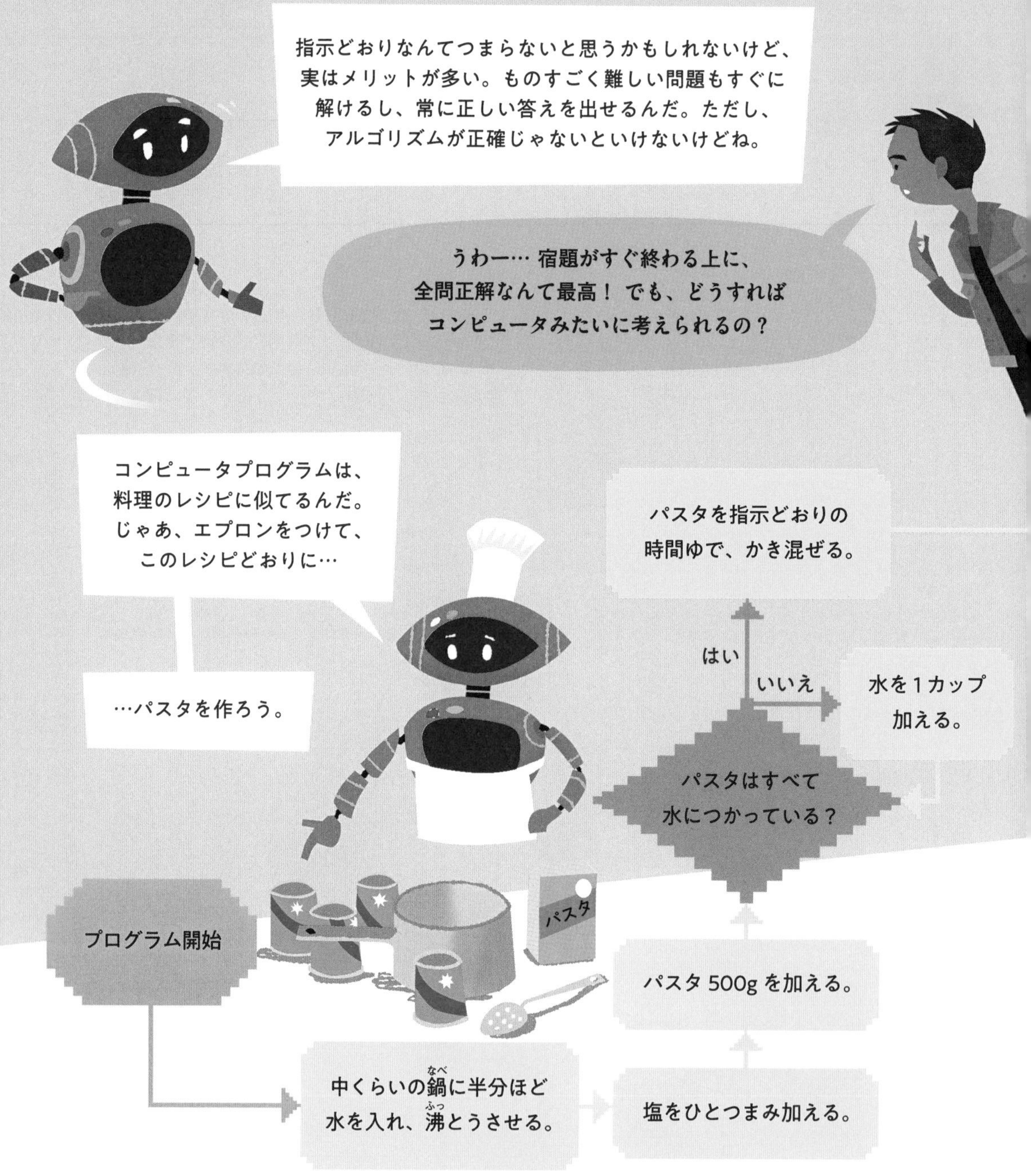

指示どおりなんてつまらないと思うかもしれないけど、実はメリットが多い。ものすごく難しい問題もすぐに解けるし、常に正しい答えを出せるんだ。ただし、アルゴリズムが正確じゃないといけないけどね。
うわー… 宿題がすぐ終わる上に、全問正解なんて最高！ でも、どうすればコンピュータみたいに考えられるの？
コンピュータプログラムは、料理のレシピに似てるんだ。じゃあ、エプロンをつけて、このレシピどおりに…
…パスタを作ろう。
パスタ
プログラム開始
中くらいの鍋《なべ》に半分ほど水を入れ、沸《ふっ》とうさせる。
塩をひとつまみ加える。
パスタ 500g を加える。
パスタはすべて水につかっている？
はい
いいえ
水を1カップ加える。
パスタを指示どおりの時間ゆで、かき混ぜる。

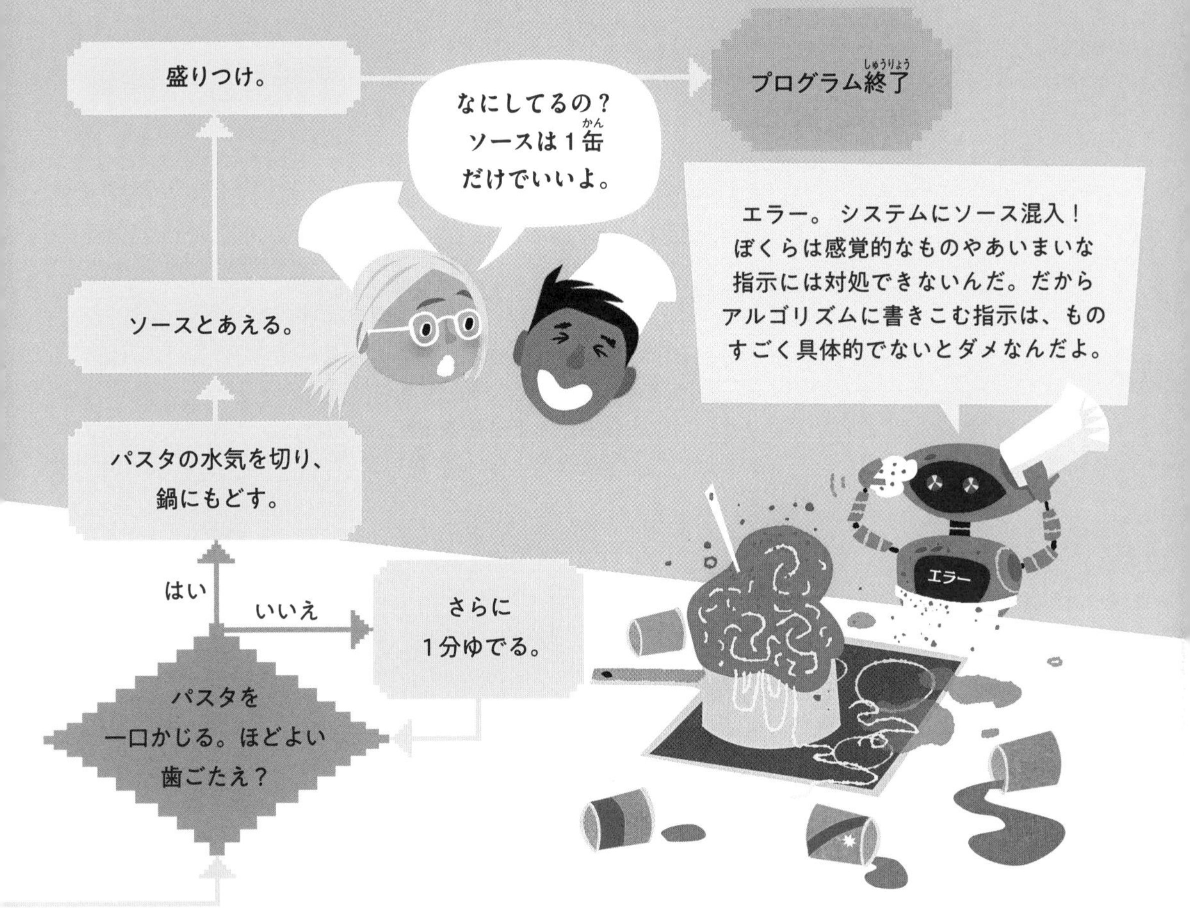
パスタを
一口かじる。ほどよい
歯ごたえ？
はい
いいえ
さらに
1分ゆでる。
パスタの水気を切り、
鍋にもどす。
ソースとあえる。
盛りつけ。
プログラム終了《しゅうりょう》
なにしてるの？
ソースは1缶《かん》
だけでいいよ。
エラー。 システムにソース混入！
ぼくらは感覚的なものやあいまいな
指示には対処できないんだ。だから
アルゴリズムに書きこむ指示は、もの
すごく具体的でないとダメなんだよ。
エラー

指示にしたがうというと不自由な感じがするけど、コンピュータの便利な機能はすべて、アルゴリズムがあるおかげなんだ。たとえば、信号機のコントロール、絶滅《ぜつめつ》危《き》惧《ぐ》種《しゅ》の追跡《ついせき》調査、ネットでの検索《けんさく》結果になにを表示するか、こうしたことはすべてアルゴリズムの指示によって実行されている。

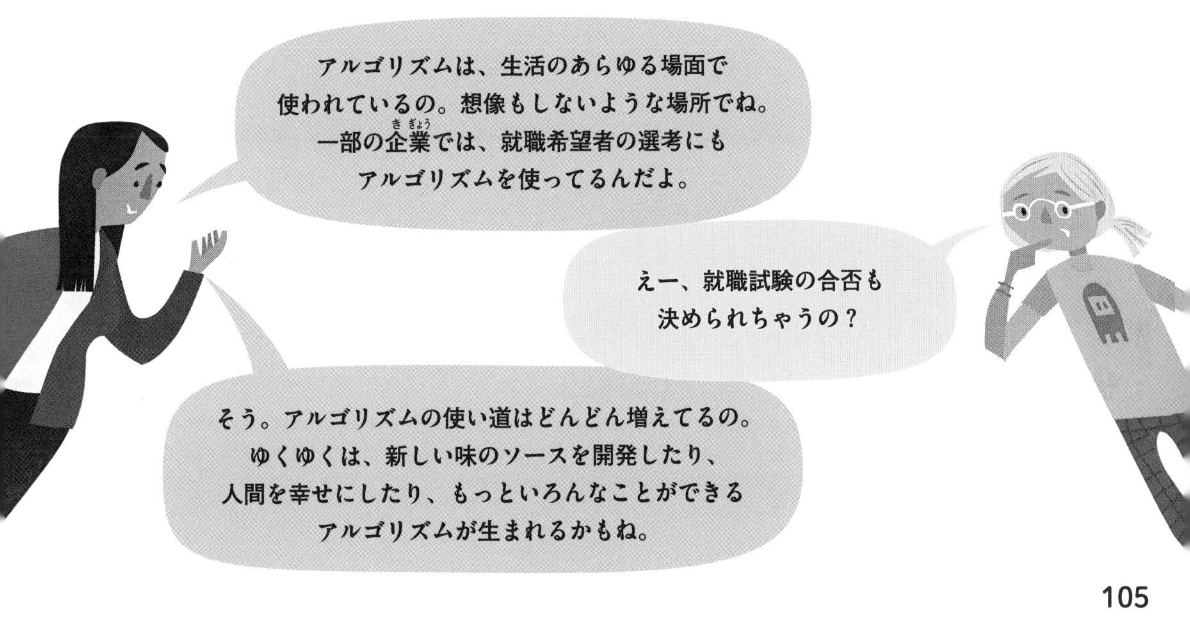
アルゴリズムは、生活のあらゆる場面で
使われているの。想像もしないような場所でね。
一部の企業《きぎょう》では、就職希望者の選考にも
アルゴリズムを使ってるんだよ。
えー、就職試験の合否も
決められちゃうの？
そう。アルゴリズムの使い道はどんどん増えてるの。
ゆくゆくは、新しい味のソースを開発したり、
人間を幸せにしたり、もっといろんなことができる
アルゴリズムが生まれるかもね。

AIってどんなもの？

コンピュータのAI（人工知能）は、あらゆる作業を、人間よりすばやく正確にこなしてしまう。ただし、その一方で、人間とちがって自分で考えることはまだできない。

近年、プログラマーは、ますます人間の考え方、見方、行動様式に近いアルゴリズムを作りだせるようになってきた。AIの中でも特に大きく進歩したものの1つが**機械学習**だ。これは、コンピュータが人間と同じく経験から学習できるようにアルゴリズムを作ることをいう。

下の図は、コンピュータが機械学習によってワニとキュウリのちがいを学習するまでの流れだ。

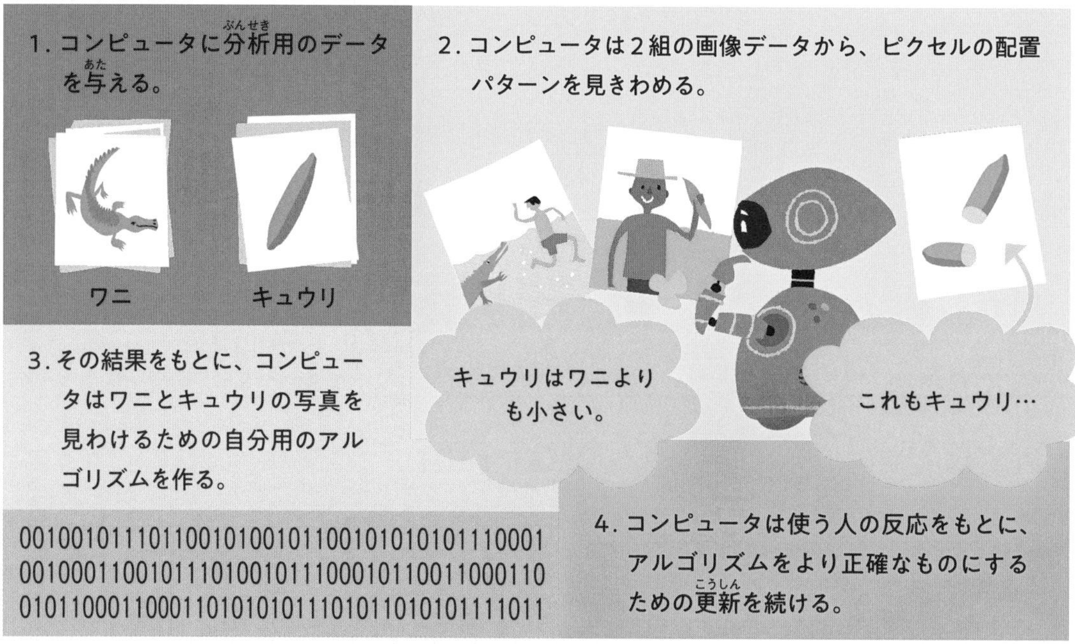

1. コンピュータに分析《ぶんせき》用のデータを与《あた》える。
ワニ
キュウリ
2. コンピュータは2組の画像データから、ピクセルの配置パターンを見きわめる。
3. その結果をもとに、コンピュータはワニとキュウリの写真を見わけるための自分用のアルゴリズムを作る。
キュウリはワニよりも小さい。
これもキュウリ…
00100101110110010100101100101010101110001
00100011001011101001011100010110011000110
010110001100011010101011101011010101111011
4. コンピュータは使う人の反応をもとに、アルゴリズムをより正確なものにするための更新《こうしん》を続ける。

このキュウリ、なぜかみつくんだ?!
それワニの赤ちゃんだよ！前に写真を見せなかった？
危険！

機械学習によって、コンピュータはピクセルを分析し、画像を「見る」ことができるようになった。でも、内容は理解していないので、人間がしないようなミスをすることもある。データ不足な場合は特にね。

機械学習は、社会に無限の可能性をもたらしている。でも、その一方で新たな課題も生まれているんだ。

ぼくが画像や音声認識で人間とやりとりできるのは、機械学習のおかげなんだ。車の自動運転や病院での MRI 診断《しんだん》も同じだよ。
AI と機械学習は、すばらしい発明よ。だけど人間の指示を必要としない殺人兵器のような、おそろしい技術にもつながってるよね。
ロボットやコンピュータに仕事を全部うばわれたら、人はなにをすればいいの？
よりよい AI のあり方について考える会
ある種の判断はコンピュータにまかせようという人もいる。公平だし偏見《へんけん》がないからね。
でも、コンピュータに与えられるデータには、人種差別など、さまざまな偏見がふくまれる。それがアルゴリズムに反映されることはよくあるんだ。
悪いのは AI じゃないよ！ AI に変なデータを与えたり、まちがった使い方をしたりするのは人間なんだから。
みんなプログラミングを勉強しなくちゃ。そうすれば仕事にも困らないし、自分たちの生活を AI で改善できるよ。

AI によって、私たちの暮らしはよりよくなる可能性もあるし、悪くなる可能性もある。きみはどう思う？

第8章
数理モデル

「**数理モデル**」って、なんだと思う？ プラモデルの一種でも、ランウェイを歩く数学者でもないよ。もっとすごい力をもつものなんだ。

数学者の手にかかれば、世界中のいろんな問題について、数字と記号だけで説明することだってできる。これを数理モデルといい、物事のしくみや未来の出来事について、驚《おどろ》くほど役だつヒントを教えてくれる。数学と現実が出あう場所、それが数理モデルなんだ。

今日はたくさん売れたね。
大もうけでしょ？
いやいや、これじゃ
材料費もまかなえないよ！
値段を安くしすぎたかも…
それなら数理モデルを
作ろう！ ぴったりの
値段がわかるよ。
レモネード
1杯《ぱい》
50円

数理モデルを作ろう

数理モデルがあると、身の周りの問題への理解が深まり、解決への近道になる。

一方、数理モデルがないと、問題解決までに何度もくりかえし挑戦《ちょうせん》しなきゃいけないので、時間や手間、お金、材料などのムダが増えてしまう。

数理モデルを使わなくても、ちょうどいい値段ぐらい、そのうちわかるよ。
試《ため》してみなよ。時間とお金とレモネードのムダだと思うけど。

うわー！ 今日は1杯《ぱい》も売れなかった。今度は高すぎたかも…
数理モデルを作ったほうが楽かもね…
ード
1杯 500円

数理モデルを作るための第一歩。それは、今わかっている情報を整理することだ。

レモン24個、砂糖1袋《ふくろ》、水4杯でいくらかかるかはわかってるよ。
その材料なら、レモネードが4Lは作れるね！
コップには400mL入るから、1回で10杯分作れる。エリが勝手に飲まなければね…
レシピ

次に、すでに知っている情報をもとに、新しい情報を見つけよう。数理モデルは、基本的に現実の社会をうつしだす方程式にすぎないんだ。

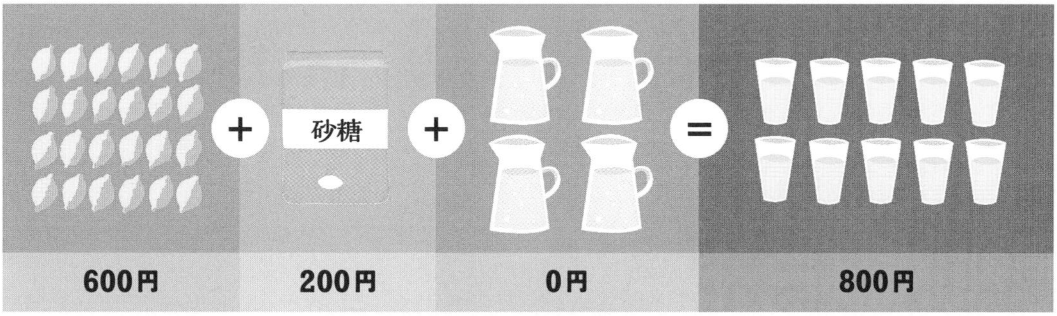

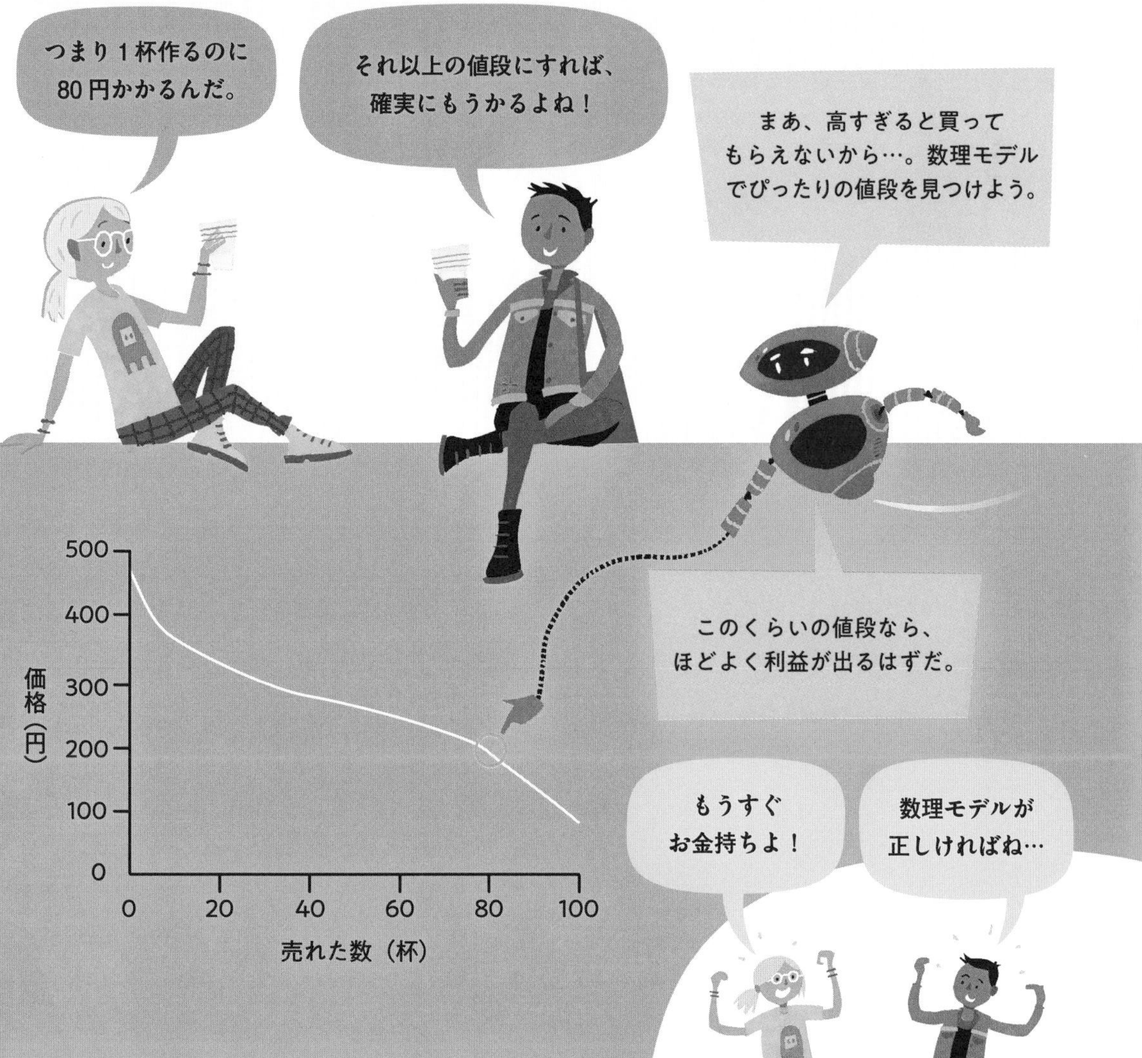

数理モデルは、ビジネスの場面でよく使われている。お金や商品をムダにせず、すばやく簡単に将来の計画を立てることができるんだ。

数理モデルに必要な仮定

数理モデルが単純すぎると、物事の本当の姿をきちんと説明することができない。逆に複雑すぎると、よい解決策や予測につながらない。そのバランスを完ぺきに取るために、数学者はいろいろな**仮定**を設けなくてはならないんだ。

仮定ってなんについての？
あらゆることさ！
それならレモネードが蒸発しないことも仮定しなきゃね。
それにレモネードを売っている間、隕石《いんせき》が落ちてこないという仮定もね…
その調子！数理モデルは、現実世界の物事をシンプルにあらわしたものだ。問題をシンプルにするために、いろんな仮定をたててみたよ。
仮定：
• レモネードは蒸発しない
• 水は無料
• １杯《ぱい》あたりの量はどれもきっかり 400mL
• 店の前を行く人々はみんなレモネード好き
• ライバル店はない
• 隕石は落ちてこない
なるほど。レモネードが蒸発してもたいした量じゃないから、値段にはそれほど影響《えいきょう》しない。隕石が落ちたらさすがに商売できないけど、まずおこらないもんね！

数学者が数理モデルを作るときには、さまざまな仮定が必要になる。
仮定することで、大切な情報に的をしぼった数理モデルが作れるんだ。

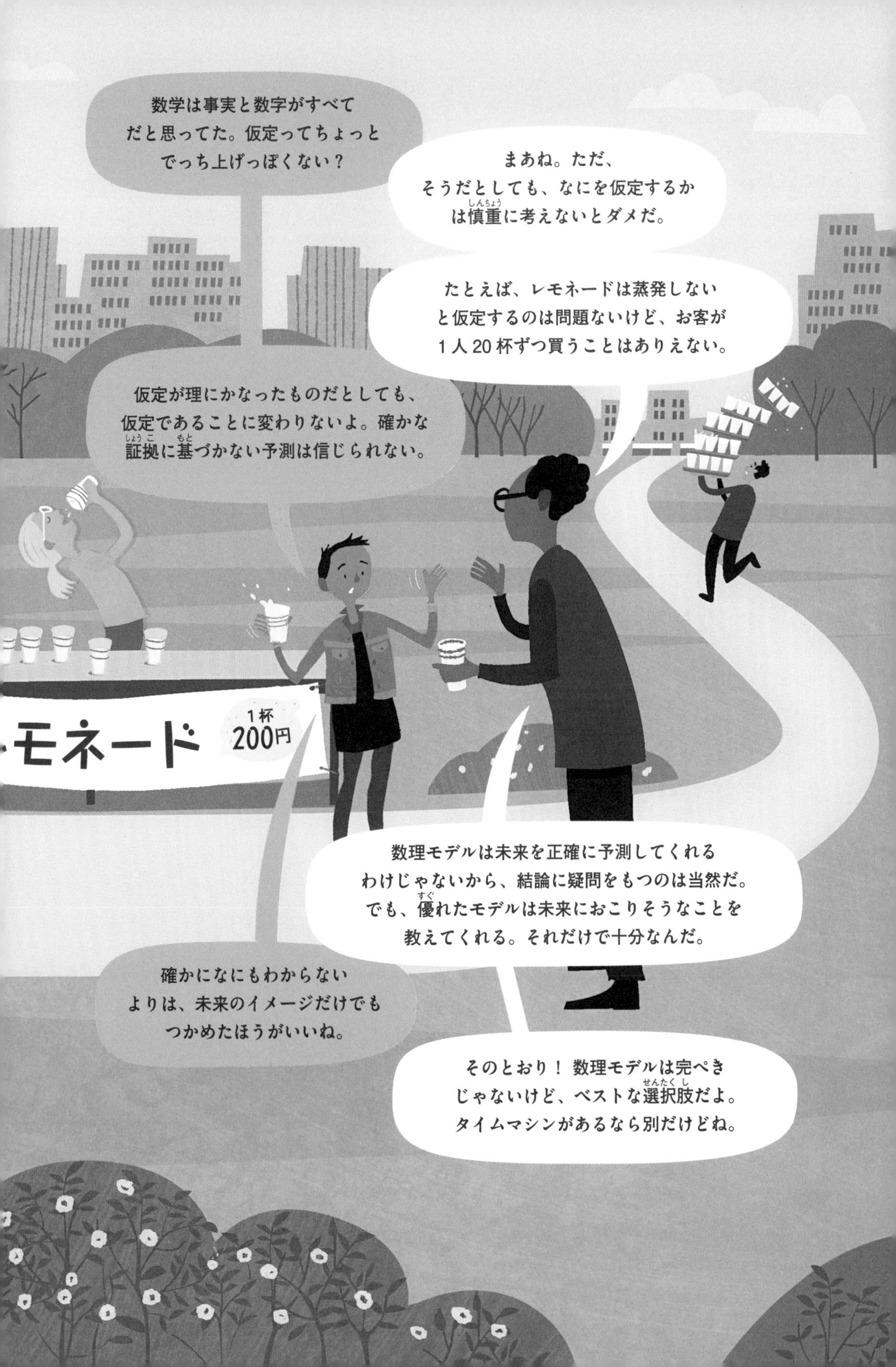
数学は事実と数字がすべてだと思ってた。仮定ってちょっとでっち上げっぽくない？
まあね。ただ、そうだとしても、なにを仮定するかは慎重《しんちょう》に考えないとダメだ。
たとえば、レモネードは蒸発しないと仮定するのは問題ないけど、お客が1人20杯ずつ買うことはありえない。
仮定が理にかなったものだとしても、仮定であることに変わりないよ。確かな証拠《しょうこ》に基《もと》づかない予測は信じられない。
モネード
1杯
200円
数理モデルは未来を正確に予測してくれるわけじゃないから、結論に疑問をもつのは当然だ。でも、優《すぐ》れたモデルは未来におこりそうなことを教えてくれる。それだけで十分なんだ。
確かになにもわからないよりは、未来のイメージだけでもつかめたほうがいいね。
そのとおり！ 数理モデルは完ぺきじゃないけど、ベストな選択肢《せんたくし》だよ。タイムマシンがあるなら別だけどね。

数理モデルと天気予報

未来になにがおこりそうかを予測できたら、とても便利だ。たとえば**天気予報**があれば農作物を植えるべき時期がわかるし、異常気象にも備えられる。それに、レモネードの売り上げを最大にすることだってできるんだ。

天気を予測するために、数学者は、地球の大気と海について、いくつかの数理モデルを作る。

これらの数理モデルは、複雑な方程式を使って、
現在の風速、気圧、湿度《しつど》、降雨量、雲の量などのデータを処理する。

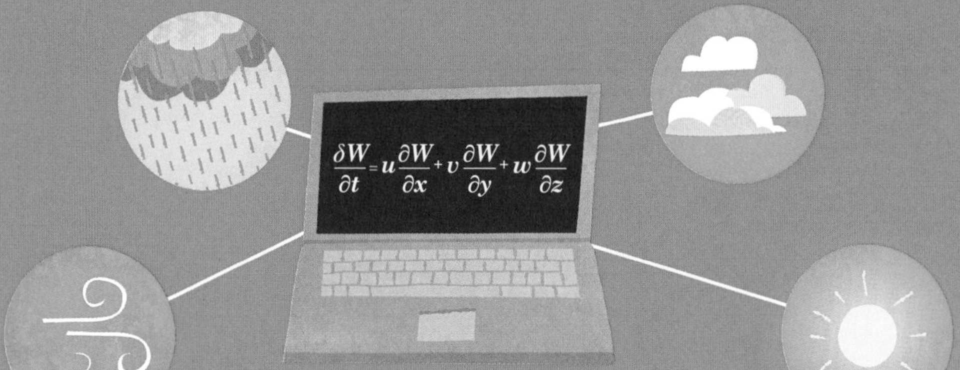

$\frac{\partial W}{\partial t} = u\frac{\partial W}{\partial x} + v\frac{\partial W}{\partial y} + w\frac{\partial W}{\partial z}$

ただし、データはどんな場所でも集められるとは
限らないので、不足分は仮定で補わなくちゃならない。

天気予報に使う数理モデルの場合、人間が処理するには必要な計算量が多すぎるので、
強力なスーパーコンピュータを使って計算し、今後の天気を予測する。

やっと終わった！
ぼくの計算では、台風が上陸
するのはたぶん8月5日だ。
その台風はもう通りすぎたよ。
計算はスーパーコンピュータに
まかせればいいんじゃない？
このスーパーコンピュータは、
毎秒数千兆もの計算をこなす。

完ぺきな数理モデルは存在しない。いろいろな気候モデルを走らせることで、数学者や科学者は未来の状況《じょうきょう》をより正確に予測できるようになるんだ。

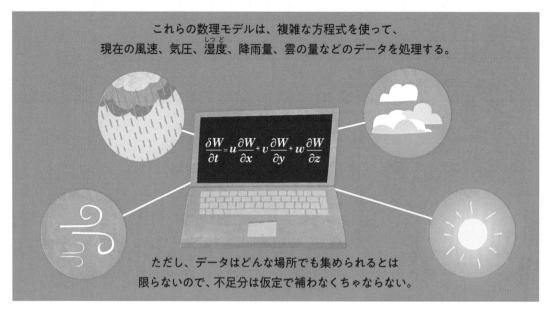

バタフライ効果

ほんのわずかな条件の変化が、未来の天気を大きく変える
こともありうる。数学者はこれを**バタフライ効果**とよぶ。

世界のどこかで、
1羽のチョウが
羽ばたいたとして…

…その羽ばたきが、
1カ月後に別の場所で
竜巻《たつまき》を引きおこす。

このような現象が実際におこるわけじゃない。でも、数学者はこの例えを使って、天気などの複雑なメカニズムをもつ現象を予測することが、いかに難しいかを伝えているんだ。

気候モデルに使われる
初期条件に差があっても…

…近い未来についての予測は
さほど変わらない。

…でも、遠い未来になるほど、
予測は大きく変わってくる。

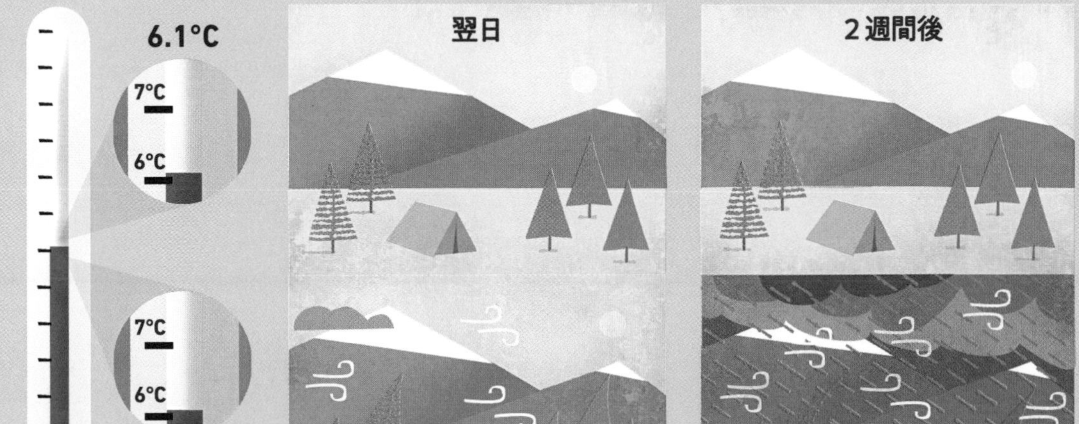

バタフライ効果は、**カオス理論**とよばれる数学の一分野にふくまれる。初期条件のわずかな変化が、不規則で大きな効果をうむことを、数学ではカオス（混沌《こんとん》）とよぶ。

ゲーム理論

人間の行動をしめす数理モデルは、予想外の結果をうむことがよくある。人間が常に自分の利益のためだけに行動するとしたら話は簡単だ。でも、数学の一分野である**ゲーム理論**は、そうではないことを証明している。

第 5 章に出てきた自転車泥棒《どろぼう》が、共犯者と一緒《いっしょ》につかまったとする。そして 2 人の泥棒は、刑事《けいじ》からそれぞれに同じ通告を受けたとしよう。

どちらも犯行を自白しないなら、
2 人とも刑務所で 2 カ月服役《ふくえき》だ。

両方が自白するなら、
それぞれ 6 カ月の
服役ですむぞ。
どちらか 1 人だけが自白した
場合は、そいつを釈放《しゃくほう》する。
そして自白しなかったほうは、
1 人で 12 カ月服役だ。

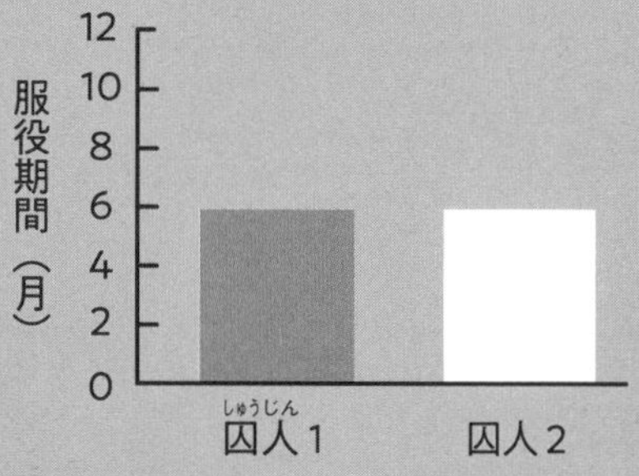
服役期間（月）
0
2
4
6
8
10
12
囚人《しゅうじん》1
囚人 2

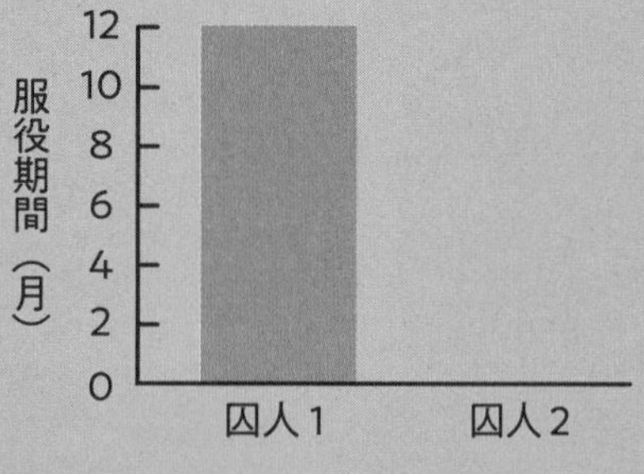
服役期間（月）
0
2
4
6
8
10
12
囚人 1
囚人 2

数学者は、こうした状況《じょうきょう》をゲームとして数理モデル化する。当事者はゲームのプレイヤーであり、勝つために判断を下すと考えるんだ。**ゲーム理論**とよばれる理由はそこから来ている。

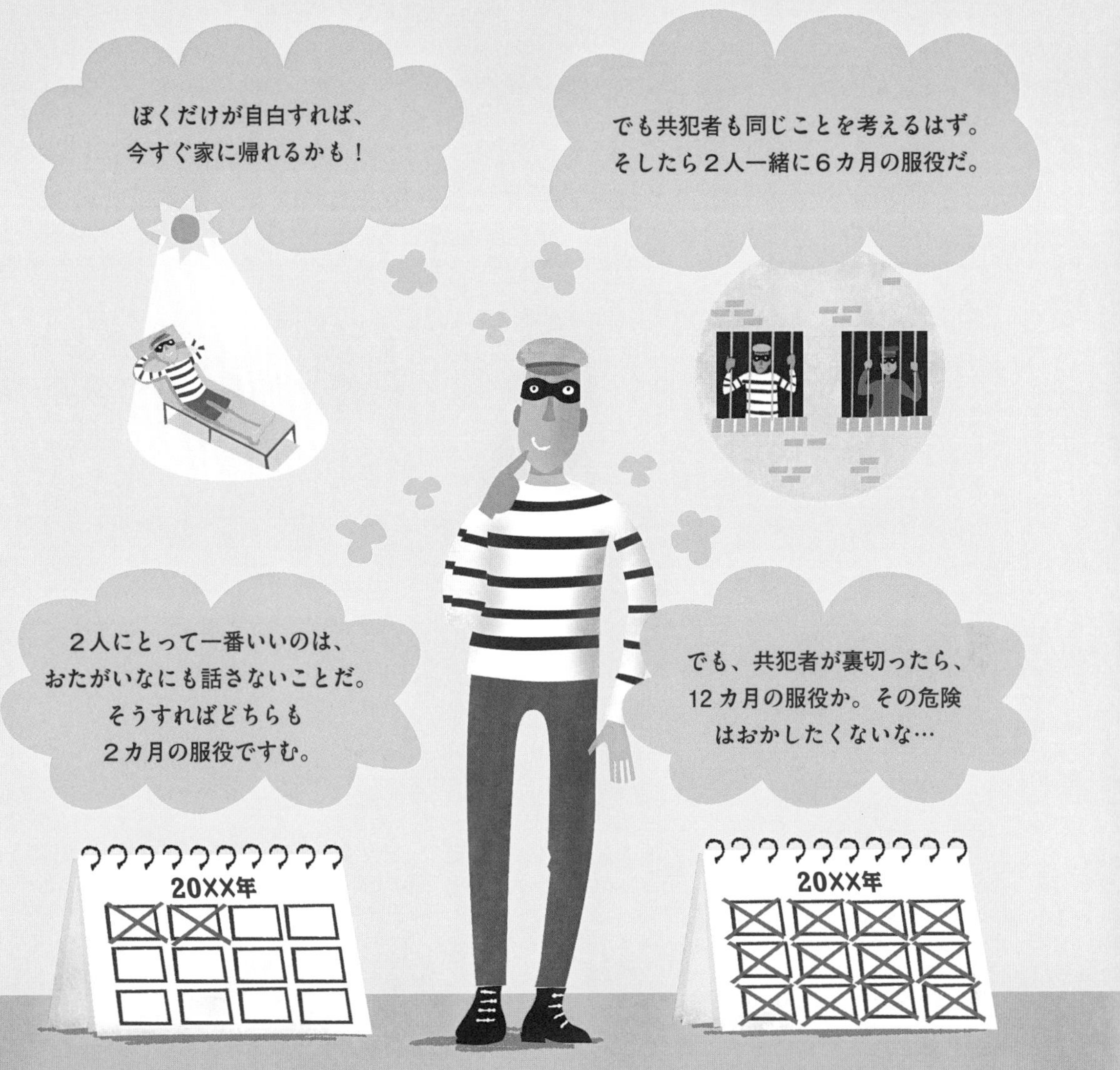
ぼくだけが自白すれば、
今すぐ家に帰れるかも！
でも共犯者も同じことを考えるはず。
そしたら２人一緒に６カ月の服役だ。
２人にとって一番いいのは、
おたがいなにも話さないことだ。
そうすればどちらも
２カ月の服役ですむ。
でも、共犯者が裏切ったら、
12カ月の服役か。その危険
はおかしたくないな…
20XX年
20XX年

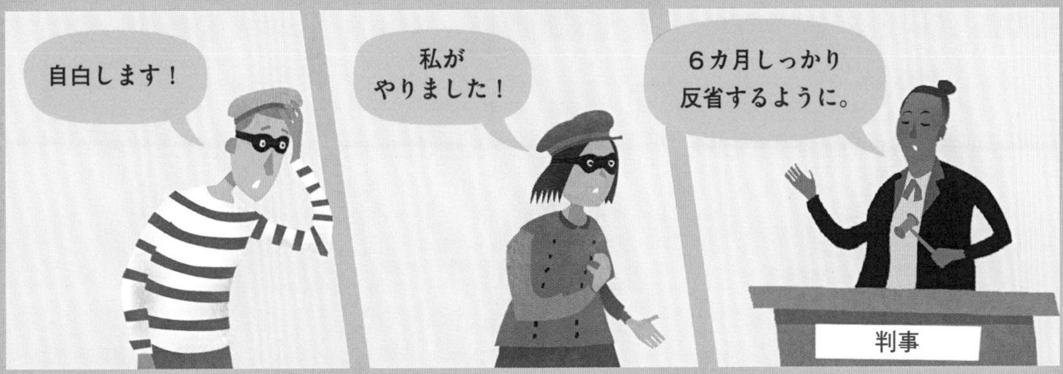
自白します！
私が
やりました！
６カ月しっかり
反省するように。
判事

この数理モデルは、**囚人のジレンマ**とよばれている。プレイヤーの決定がたがいに影響《えいきょう》を与《あた》える場合、それぞれが最も合理的な選択《せんたく》をしたからといって、双方《そうほう》にとってベストな結果になるとは限らないことをしめしている。つまり、２人１組に限らず、少人数グループから国家間まで、なぜおたがいに協力しあうことが難しいのかを説明しているんだ。

暮らしの中の数理モデル

きみもデータさえ集められれば、それを説明するための数理モデルを作ることができる。実際に数学者たちは、生活のあらゆる場面で数理モデルを作り、役だてているんだ。

政府や医療《いりょう》機関は数理モデルを使って、ウィルスや病気がどのように広がるかを予測する。そうすることで、爆発《ばくはつ》的な感染《かんせん》拡大を防ぎやすくなる。

ゲームの動きがリアルに感じられるのは、実際の物の動きを表した数理モデルのおかげだ。

科学者は数理モデルを使って、小惑星《しょうわくせい》が地球に衝突《しょうとつ》する可能性を予測している。

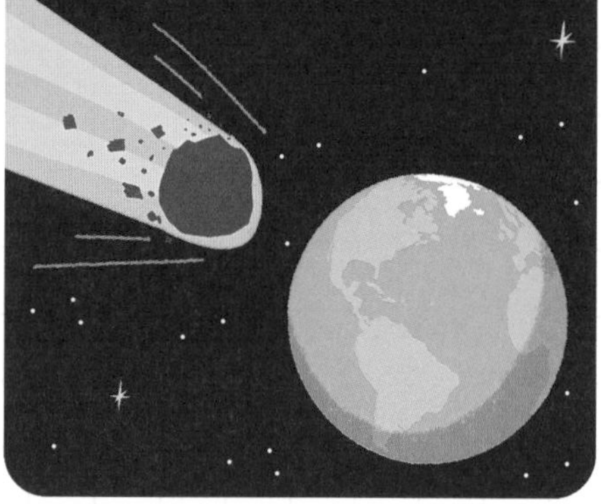

建築家は工事を始める前に、数理モデルを使って設計の安全性をチェックする。

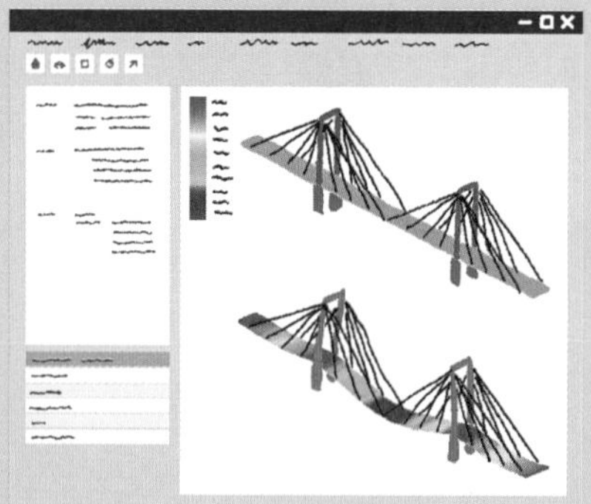

試合で得たデータは、選手のパフォーマンスを評価したり、結果を予測したりする数理モデルに入力される。

どこまで数理モデル化すべき？

このように数学者は、正確さにちがいはあれども、ありとあらゆる物事の数理モデルを作ることができる。でもだからといって、どんどんモデル化するべきなんだろうか？

将来的には、コンピュータの性能も上がり、データ量も増えるから、予測はもっと正確になるはずだ。
5年後の町の人口が正確に予測できたら、病院、学校、交通機関についての計画が、信じられないほど正確に立てられるぞ。
でも、数理モデルはみんなの役にたつわけじゃない。ウェブマーケティングに使われる数理モデルは、企業《きぎょう》にとっては役だつけど、モデルの精度が上がると、お客が本当は求めていない物まで買うよう、しむけることもできるの。
数理モデルの中には、いくら正確でも役にたたないものもある。特に人間の行動を表すモデルは、可能性をしめしているにすぎない。人としてどうすべきかは、数理モデルでは答えが出ないと思う。
わくわくするほうがいい。なにもかも数理モデルで予測したらつまんない！
なにをモデル化するかは慎重《しんちょう》に考えないと。だれかを困らせるような数理モデルだって、作ろうと思えば作れるし、防ぎようがない。数学にはすごく強い力があるんだよ。

数学の可能性

数学ってスケールが大きくて、いろんな場面で役だってるんだね。
すごいよね！ 数学のこと、だんだんわかってきたから、今後はもっと活用できそう。

数学を使ってなにができるかな？

銀行口座を選んだり、
ゲームをしたりする場合に、
よりよい判断を下すことができる。

壮大《そうだい》な**思考実験**や**パラドックス**
にハマってみるのも面白《おもしろ》いよ。

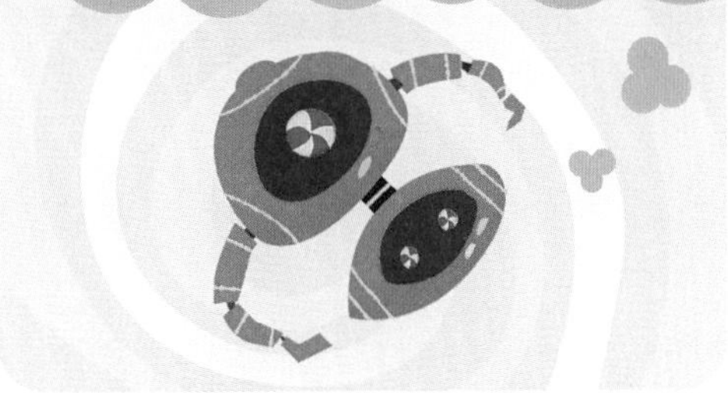

数がもつふしぎな性質を使って、
友だちや家族をびっくりさせよう。

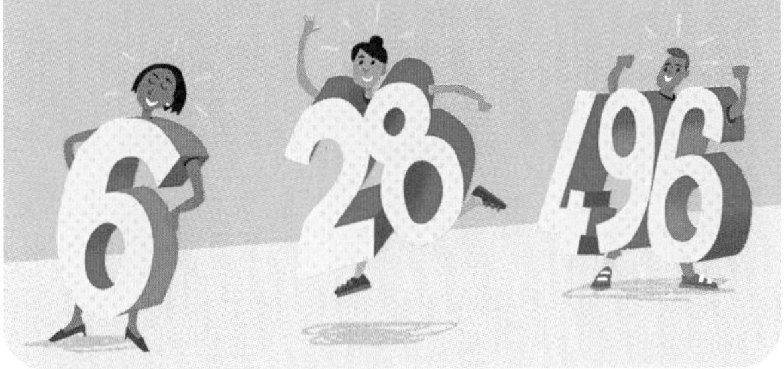

毎日の生活の中で、数学が
役だっていることに気づくはずだ。

ニュースの根拠《こんきょ》となるデータを見て、
フェイクニュースを見きわめられる。

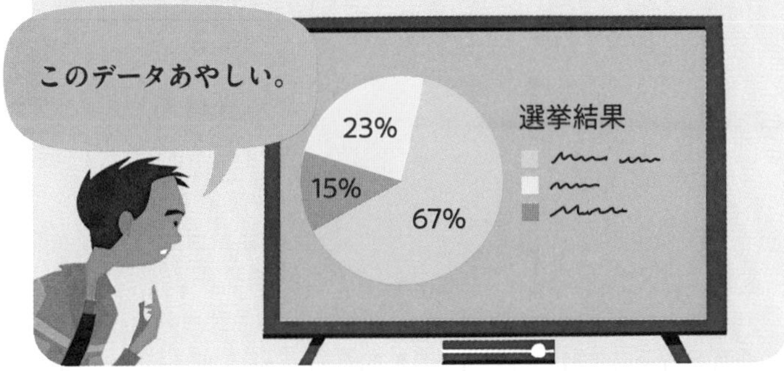

数学の**未解決問題**にも
挑戦《ちょうせん》できるかも。

プログラミングを学んで、
ゲームや**アプリ**を開発する
ことだってできる。

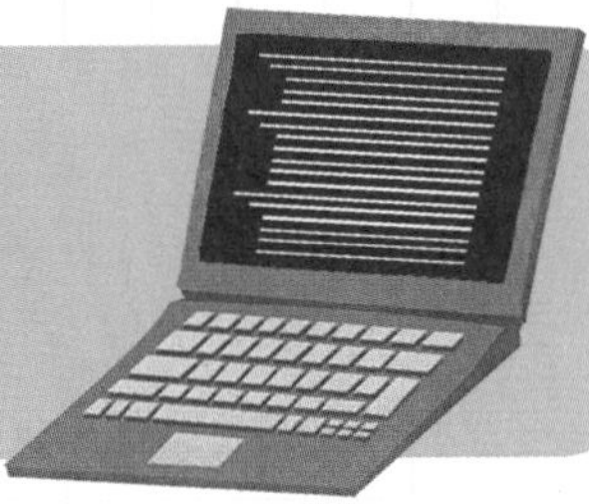

数学が生きる仕事

数学を使うと、筋道を立てて考え、問題を解決することができる。このスキルは生きていくうえで、とても役にたつ。そして、次のような仕事では特に数学の力を生かすことができるんだ。

科学者

どの分野でも、理論を検証したり実験結果を分析《ぶんせき》したりするときには、統計が欠かせない。

ぼくは生化学者として、毎日数学を使ってるよ。医薬品の開発と臨床《りんしょう》試験をするのが仕事で、今は新型コロナウィルス感染症《かんせんしょう》ワクチンによって助かった人の割合を調査してるんだ。

エンジニア

エンジニアにはさまざまな種類がある。橋、車、コンピュータを設計する人もいれば、ロケットや義足を設計する人もいる。
どんなエンジニアも、技術的な問題を解決するには複雑な計算がつきものだ。エンジニアの種類によっては、数理モデル化やプログラミングの技術なども必要になる。

コンピュータ科学者＆プログラマー

プログラマーになるには、基本的な数学スキルが欠かせない。なかでもコンピュータに知能をもたせる研究は、現代数学において最もやりがいのある問題だと考える人もいる。

コンピュータプログラマーをやってます。目新しく面白《おもしろ》いプログラムの開発が私の仕事。今はパソコンで音楽にかんするプログラムを書いてるよ。

保険数理士（アクチュアリー）

保険数理士は、将来の出来事がおこる確率とそのリスクをみつもる数理モデルを作ることで、政府や企《き》業《ぎょう》の計画をサポートする。たとえば、その数理モデルを使うと、特定の職業の人々がどのくらいの確率でケガをしたり、死亡したりするのかが予測できる。

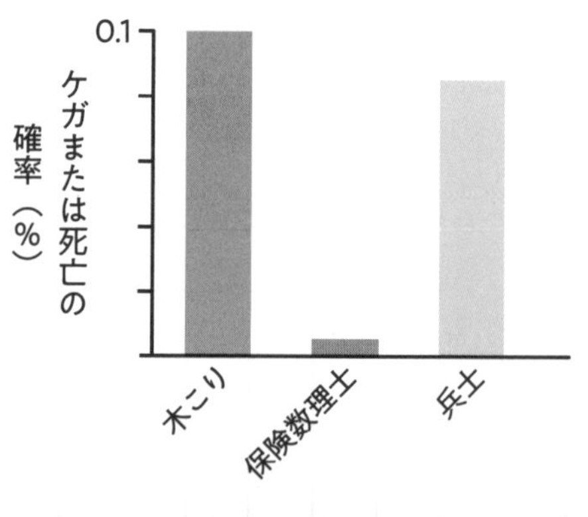
0.1
ケガまたは死亡の確率（%）
木こり
保険数理士
兵士

銀行員

銀行で働くうえで、必ずしも数学の力は必要ない。でも、やりがいがあって給料の高い職種の中には、数学の専門知識が必要なものもある。

ぼくは金融《きんゆう》アナリスト。
銀行が資産を運用するために
必要な数理モデルを作るのが
仕事だよ。うまくいけば銀行
もぼくもガッポリ稼《かせ》げるんだ。

データ サイエンティスト

データサイエンティストは、あらゆる情報を調査・分析し、人々にわかりやすく提示する。

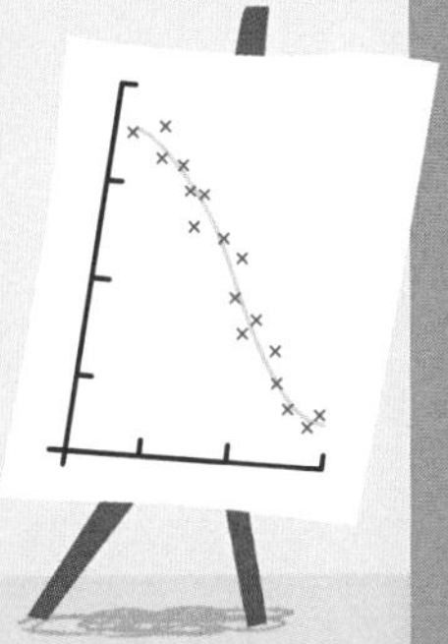

会計士

会計士は、個人や企業、政府が、どれだけお金を稼ぎ、貯《た》め、使ったかを管理する手伝いをする。

経済学者

経済学は、政府の動向や企業の経営における一つひとつの選択《せんたく》を理解する学問だ。単純な計算から、統計や複雑な数理モデルまで、あらゆる種類の数学の知識が必要になる。

1杯《ばい》
200円

数学教師です。数学が苦手だと
思いこんでいる子には、数学って本当は
だれにでもできるってことを知ってほしい。
みんなで楽しみましょう！

教師

数学者の中には、次世代の数学者を育てることで、数学への情熱を未来へ引きつごうとする人もいる。

大学で教える先生は、学生と一緒《いっしょ》に数学の新しい活用方法を発見できるかもしれない。

用語解説

この用語解説では、本書で使われている一部の用語について説明します。イタリック（斜体《しゃたい》）で書かれた言葉は、ほかの項目《こうもく》で意味を説明しています。

あ行

アルゴリズム　*コンピュータ*に問題を解決させるための手順。

暗号化　大事な*データ*を不正に利用されないよう、内容を変換《へんかん》し、解読できなくすること。

AI（人工知能）　*コンピュータ*に、人間と同じように考え、行動させる技術。

円周率　円の直径にたいする円周の長さの比率。ギリシャ文字の π《パイ》 で表され、おおよその値《あたい》として 3.14 が使われる。

か行

カオス理論　ごく小さな変化が一見予測のできない効果を引きおこす複雑なしくみを扱《あつか》う理論。

確証バイアス　自分の考えを裏づける*統計*のほうを、より真実だと思いこむ傾向《けいこう》のこと。

確率　ある出来事がどの程度おこりそうか、どの程度真実でありそうかを分析《ぶんせき》する数学の一分野。

機械学習　*コンピュータ*が、人が与えた*データ*をもとに自分で学習すること。

幾何学《きかがく》　図形、点、線、角度、*次元*を扱う数学の一分野。

グラフ　*データ*を視覚的に表現したもの。点と点のつながり方のこともさす。

ゲーム理論　複数の人間が競いあう状況《じょうきょう》で、どんな判断を下すのが最もよいかを分析する数学の一分野。

公理　ある数学的理論を説明するための出発点として使われる基本的な仮定のこと。

コンピュータ　*プログラム*に従って*データ*を保存したり処理したりする機械。

さ行

次元　空間の広がりをしめす度合い。空間内で物体を測定できる方向（長さ、幅《はば》、奥行《おくゆ》きなど）の数をさす。1次元、2次元、3次元、1-D、2-D、3-D などと表現する。

集合　数や形、物の集まりのこと。

出力　*コンピュータ*が*プログラム*に従って*データ*を処理した結果を表示すること。

証明　数学的な命題が正しいことを論理的な手順にそって明らかにすること。

数字　数を表すために使われる記号。

数理モデル　現実の状況を数学的に表現したもの。

数列　特定の順番で並んだ数。

数論　*整数*の性質を研究する数学の一分野。

整数　小数でも分数でもない数。

正八胞体《せいはちほうたい》（テッセラクト）　4次元の立方体を3次元で表現した図形。

素数　1とその数でしか割りきれない整数。ただし、1は素数ではない。

た行

対称性《たいしょうせい》　図形を線や点にたいして折りたたんだり回転させたりしたときに、元の形とぴったり重なる性質のこと。

代数　値がわからなかったり、変化したりする数を、文字におきかえて計算する数学の分野。

データ　研究などのために集められる情報。*コンピュータ*で処理するための情報をふくむ。

統計　*データ*を集め、整理し、分析し、説明するための数学の一分野。または整理されたデータのこと。

トポロジー　ある形を押《お》しつぶしたり、のばしたり、ねじったり、曲げたりしたときに、その前後で変わらない性質について研究する数学の一分野。

な行

二進法　「0」と「1」の2つの*数字*だけで、すべての数を表す方法。

入力　*コンピュータ*に、*データ*や指示、*プログラム*などを与《あた》えること。

は行

パターン　数、図形、出来事などが、数学的なルールにそってくりかえされる規則性のこと。

P値　*統計*の信頼性《しんらいせい》を0から1までの間の数値で表したもの。数値が小さいほど信頼性が高いことをしめす。

ビッグデータ　日々大量に生成される多種多様なデータのこと。

負の数　ゼロよりも小さい数。

フラクタル　細部を拡大すると、全体像と同じ形が*無限*に現れる図形のこと。

プログラミング　*コンピュータのプログラム*を作成すること。

プログラム　*コンピュータ*になにをすべきかを指示する*アルゴリズム*。

分数　2つの*整数*の比を表す数。数直線上では、整数と整数の間に位置する。

平行　2本の直線が常に同じ距離《きょり》だけはなれ、決して交わることのない状態のこと。

方程式　両辺の値が等しいことを表す数式のこと。

ま行

無限　終わりがなく、永遠に続くこと。

無理数　*分数*として書くことができない数。小数点以下の*数字*が、同じパターンをくりかえすことなく*無限*に続く。

ら行

論理　問題を解決するために考えを積みかさねていくプロセス。数学では、出発点として*公理*を使うことが多い。

さくいん

このさくいんでは、それぞれの用語が使われている主なページ、または、その内容にふれている主なページをしめしています。

あ行

か行

さ行